Lecture Notes in Mathematics

A collection of informal reports and seminars
Edited by A. Dold, Heidelberg and B. Eckmann, Zürich

AF063108

154

Alain Lascoux

Centre de Mathématique
Ecole Polytechnique, Paris/France

Marcel Berger

Département de Mathématique
Faculté des Sciences de Paris, Paris/France

Variétés Kählériennes Compactes

Springer-Verlag
Berlin · Heidelberg · New York 1970

This work is subject to copyright. All rights are reserved, whether the whole or part of the material is concerned, specifically those of translation, reprinting, re-use of illustrations, broadcasting, reproduction by photocopying machine or similar means, and storage in data banks.

Under §54 of the German Copyright Law where copies are made for other than private use, a fee is payable to the publisher, the amount of the fee to be determined by agreement with the publisher.

© by Springer-Verlag Berlin · Heidelberg 1970. Library of Congress Catalog Card Number 76-137787. Printed in Germany. Title No. 3311

Offsetdruck: Julius Beltz, Weinheim/Bergstr.

INTRODUCTION

Cet ouvrage est la rédaction de deux séries de conférences que j'ai données, en 1968 et 1969, au Séminaire de Mathématiques de l'Ecole Polytechnique.

L'esprit de ces conférences était de fournir un aperçu assez large de l'usage des méthodes de la Géométrie Différentielle en Géométrie Algébrique. La rédaction écrite correspond au style "conférences" ; c'est ainsi, par exemple, que les résultats (à quelques exceptions près) sont effectivement démontrés, mais en indiquant plutôt les idées clefs que le détail des calculs. En ce sens, le lecteur est supposé posséder une certaine maturité mathématique (par exemple, le langage des faisceaux, de la cohomologie à valeur dans un faisceau).

La lourde tâche de la rédaction a été entièrement prise en charge par Alain Lascoux, que je remercie ici vivement. En particulier, un point délicat a été la vérification des signes dans les différentes formules ou théorèmes faisant intervenir la classe de Chern des fibrés en droites. Il y a en effet plusieurs erreurs de signe dans la littérature.

Pour ce qui est du contenu proprement dit, il comprend essentiellement :

- l'étude des formes harmoniques sur une variété kählérienne compacte ;
- l'étude des fibrés en droites ;
- la démonstration originelle du théorème de Kodaira sur le plongement algébrique des variétés de Hodge ;
- l'introduction "à la Weil" des classes de Chern réelles et quelques applications de c_1' et c_2'.

J'ai essayé de donner des applications explicites des résultats importants. En résumé, l'esprit de ce texte peut être aussi de donner, sous une forme réduite, un aperçu synthétique, mais avec des exemples, des variétés kählériennes compactes.

Pour la préparation de ces conférences, j'ai utilisé les références [4],[7],[8],[11],[13],[23]. Le traitement des classes de Chern, pris dans [4], est aussi dans [16], volume II, chapitre XII.

Marcel BERGER

TABLE DES MATIERES

CHAPITRE I

VARIETES $\mathcal{C}^\infty$ - VARIETES RIEMANNIENNES

§ 1. INTRODUCTION

1.1.1. Définition :

Une variété $\mathcal{C}^\infty$ est un espace séparé paracompact dont on se donne un recouvrement ouvert $\{U_\alpha\}$ et des homéomorphismes g_α de U_α dans $\mathbb{R}^n$, tels que $g_\alpha g_\beta^{-1}$ soit $\mathcal{C}^\infty$. g_α est appelé système de coordonnées sur U_α. Nous ne considérons que des variétés de dimension finie.

1.1.2. Morphisme de $\mathcal{C}^\infty$-variétés.

Une application f de X dans Y sera dite $\mathcal{C}^\infty$, ou encore un morphisme, si les applications $g_\alpha^{-1} f g_i$ sont $\mathcal{C}^\infty$. On note $\mathcal{C}^\infty(X,Y)$ l'ensemble des morphismes ($\mathcal{C}^\infty$) de X dans Y.

1.1.3. Espaces tangent et cotangent.

En un point x de X, on définit l'espace cotangent $T_x^*(X)$ en prenant un voisinage de coordonnées de x, $(x^1,\dots,x^n)$. Une base de $T_x^*(X)$ est $(dx^1,\dots, dx^n)$. L'espace vectoriel dual est noté $T_x(X)$ et a pour base $(\partial/\partial x^1,\dots,\partial/\partial x^n)$ noté aussi $(\partial_1,\dots)$.
On voit facilement que ces définitions sont intrinsèques ; $T_x(X)$ est l'espace tangent en x à X.

1.1.4. Applications tangentes.

Si f est un morphisme de X dans Y, on a deux applications linéaires, canoniquement attachées à f :

$$T_x(f) \;:\; T_x(X) \longrightarrow T_{f(x)}(Y)$$

$$f_x^* \;:\; T_x^*(X) \longleftarrow T_{f(x)}^*(Y)$$

L'application $T_x(f)$ est l'application tangente à f en x.

1.1.5. Immersion.

$f \in \mathcal{C}^\infty(X,Y)$ est une immersion en x si $T_x(f)$ est injective.

1.1.6. <u>Plongement</u>.

f est un <u>plongement</u> de X dans Y si f est une immersion en tout point de X et un homéomorphisme de X sur f(X).

Ces conditions se traduisent par : il existe des cartes locales φ, sur Y, telles que $\varphi \circ f$ soit un isomorphisme de $f^{-1}(U)$ sur un sous-espace vectoriel de $\mathbb{C}^n \cap \varphi(U)$.

$$\begin{array}{ccccc} X & \xrightarrow{f} & Y & & \mathbb{C}^n \\ \uparrow & & \uparrow & & \uparrow \\ f^{-1}(U) & \longrightarrow & U & \xrightarrow{\varphi} & \varphi(U) \end{array}$$

Par exemple, l'injection ensembliste sur la figure est une immersion et non un plongement  .

Un sous-ensemble X de Y est une <u>sous-variété</u> de Y si l'injection canonique de X dans Y est un plongement.

1.1.7. <u>Variété algébrique</u>.

Une sous-variété d'un espace affine $\mathbb{R}^n$ (resp. projectif $\mathbb{P}(\mathbb{R}^n)$) est dite <u>algébrique</u> si elle est le lieu des zéros d'un nombre fini de polynômes (resp. de polynômes homogènes en $n+1$ variables).

1.1.8. <u>Intersection complète</u>.

X sous-variété de $\mathbb{R}^n$ (resp. de $\mathbb{P}(\mathbb{R}^n)$) est dite une <u>intersection complète</u> si elle est de dimension k et peut être définie par $n-k$ polynômes (resp. $n-k$ polynômes homogènes).

§ 2. CALCUL DIFFERENTIEL

1.2.1. <u>Crochet de deux champs de vecteurs</u>.

Soient $X = \Sigma X^i \partial_i$ et $Y = \Sigma Y^i \partial_i$. Le crochet de X et Y, noté $[X,Y]$, est le champ de vecteurs $\Sigma(X^i \frac{\partial Y^j}{\partial x^i} - Y^i \frac{\partial X^j}{\partial x^i})\partial_j$.

1.2.2. <u>Formes différentielles</u>.

Localement une <u>r-forme différentielle</u> s'écrit $\Sigma f_{ij\ldots}\, dx^i \wedge dx^j \wedge \ldots$ avec $f_{ij\ldots} \in \mathcal{C}^\infty(X)$.

Ceci nous permet de définir le faisceau des <u>germes de r-formes différentielles</u> $\underline{A}^r(X)$.

On a un opérateur $d : \underline{A}^r(X) \to \underline{A}^{r+1}(X)$ que l'on définit localement par

$$d(f_{i_1\ldots i_r}\, dx^{i_1} \wedge \ldots \wedge dx^{i_r}) = \sum_k \frac{\partial f_{i\ldots}}{\partial x^k}\, dx^k \wedge dx^{i_1} \wedge \ldots \wedge dx^{i_r}$$

et dont on montre qu'il est intrinsèque.

En identifiant $\alpha_x \in A^r$ à une r-forme alternée sur l'espace tangent en x à X, par

$$dx^{i_1} \wedge \ldots \wedge dx^{i_r} \left(\frac{\partial}{\partial x^{i_1}}, \ldots, \frac{\partial}{\partial x^{i_r}}\right) = 1 \quad \text{et}$$

$$dx^{i_1} \wedge \ldots \wedge dx^{i_r} \left(\frac{\partial}{\partial x^{j_1}}, \ldots, \right) = 0 \quad \text{si} \quad (j_1, \ldots, j_r)$$

n'est pas une permutation de $(i_1, \ldots, i_r)$, on montre alors que :

$$d\alpha(V_o, \ldots, V_r) = \Sigma(-1)^i \, V_i \, \alpha(V_o, \ldots, \hat{V}_i, \ldots) + \sum_{i<j} (-1)^{i+j} \alpha([V_i, V_j], V_o, \ldots, \hat{V}_i, \ldots, \hat{V}_j, \ldots)$$

1.2.3. Produit.

Sur $\oplus_r \underline{A}^r(X)$, on a un produit d'algèbre graduée anticommutative $\alpha \wedge \beta$, avec

$$d(\alpha \wedge \beta) = d\alpha \wedge \beta + (-1)^p \alpha \wedge d\beta \quad \text{pour} \quad \alpha \in A^p.$$

1.2.4. Groupes de de Rham

Du lemme de Poincaré dans $\mathbb{R}^n$ ([14], p.86) on déduit que l'on a une suite exacte de faisceaux, qui est une résolution fine de $\underline{\mathbb{R}}$:

$$0 \longrightarrow \underline{\mathbb{R}} \longrightarrow \underline{A}^o \longrightarrow \ldots \longrightarrow \underline{A}^n \longrightarrow 0$$

Théorème de de Rham

Soient $\mathfrak{Z}^r(X)$ = r-formes différentielles fermées ($d\alpha = 0$)

$\mathfrak{B}^r(X)$ = r-formes qui sont des bords ($\exists\, \beta | d\beta = \alpha$).

Le groupe $\dfrac{\mathfrak{Z}^r}{\mathfrak{B}^r}$ est dit $r^{\text{ième}}$ groupe de de Rham.

Le lemme de Poincaré et la théorie des faisceaux entraînent que ce groupe est isomorphe à $H^r(X ; \mathbb{R})$ (c'est le théorème de de Rham, voir par exemple [14], p.152).

§ 3. VARIETES RIEMANNIENNES

1.3.1. Définition

(X,g) variété $\mathcal{C}^\infty$ est dite riemannienne si g est une section $\mathcal{C}^\infty$ de $T^* \otimes T^*$ dont la restriction à chaque T_x est une forme définie positive.

1.3.2. Propriétés élémentaires utilisées par la suite :

- partitions de l'unité,
- addition des structures riemanniennes : $\lambda g + (1-\lambda)h$ est une structure riemannienne si g et h le sont pour $\lambda \in [0,1]$;
- structure induite par une immersion ;
- toute variété paracompacte peut être munie d'une structure riemannienne.

1.3.3. Exemple : espaces homogènes.

Soit G un groupe de Lie, H un sous-groupe fermé, $X = G/H$ = {ensemble des classes à droite gH} est dit espace homogène sur lequel G opère à gauche par translation.

Définition : (X,g) est dit espace homogène riemannien si $\forall \gamma \in G$, la translation à gauche par γ, notée $\hat{\gamma}$, est une isométrie, i.e. si g est invariante par $\hat{\gamma}$.

Définition : Soit $m_o \in X$ projection de l'élément neutre de G. Le sous-groupe de $GL(T_{m_o}(X))$, $H_* = \{T_{m_o}(\hat{\gamma}),\ \gamma \in H\}$, est dit représentation linéaire d'isotropie sur l'espace vectoriel $T_{m_o}(X)$.

Lemme : $\exists$ sur X une structure riemannienne invariante par G $\Leftrightarrow$ $\exists$ sur $T_{m_o}(X)$ une structure euclidienne invariante par H_*.

Si l'on part d'une structure euclidienne (,), on définit $g(V_m, W_m) = (\hat{\gamma}^* V_m,\ \hat{\gamma}^* W_m)$ à l'aide d'une translation quelconque ramenant m en m_o.

Si H est compact, on peut trouver une telle structure (par moyenne). Si H_* est irréductible, cette structure est unique : cela découle du

Lemme : Si une représentation linéaire irréductible laisse invariante deux formes bilinéaires symétriques sur un espace vectoriel de dimension finie, l'une de ces formes étant définie positive, alors les deux formes sont proportionnelles.

Cas particuliers :

- Projectifs complexes $\mathbb{P}^n = \dfrac{U(n+1)}{U(n) \times U(1)}$
- Grassmanniennes complexes $\dfrac{U(p+q)}{U(p) \times U(q)}$, $U(p)$ étant le groupe unitaire de $\mathbb{C}^n$.

- Quadriques complexes $G_{n,2} = \dfrac{SO(n+2)}{SO(n)\times SO(2)}$
- $S^n = \dfrac{SO(n+1)}{SO(n)}$, sphères.

1.3.4. Isomorphismes musicaux.

On a deux isomorphismes "musicaux" $\flat$ et $\#$ inverses entre T et T* (qu'on peut faire aussi opérer sur l'algèbre tensorielle).

Dans la base $\partial_i = \dfrac{\partial}{\partial x^i}$, $\flat(\Sigma X^i \partial_i) = \sum_j (\sum_i g_{ij} X^i) dx^j$, g étant la forme riemannienne. Si $\|g^{ij}\|$ est la matrice inverse de $\|g_{ij}\|$ $\#(\Sigma X_i dx^i) = \sum_{i,j} g^{ij} X_i \partial_j$.

Grâce à ces isomorphismes, on peut "monter ou descendre" les indices : on a un isomorphisme entre $\ldots\otimes T\otimes\ldots\otimes T^*\otimes\ldots$ et $\ldots\otimes T^*\otimes\ldots\otimes T\otimes\ldots$. Une section de T est dite une fois contravariante, de T* une fois covariante.

Si maintenant (X,g) est de plus orientée, sur l'algèbre extérieure, on définit de même $* : \Lambda^r T^* \to \Lambda^{n-r} T^*$ par $(*\alpha)(e_{r+1},\ldots,e_n) = \alpha(e_1,\ldots,e_r)$ si (e_i) est une base directe orthonormée de T.

$** = (-1)^{r(n-r)}$ pour $\alpha \in \Lambda^r T^*$. Par contre, on n'a pas d'expression simple de $*(\alpha\wedge\beta)$. $*1 \in \Lambda^n T^*$ est la forme volume.

1.3.5. Produit scalaire global.

Si V est une variété riemannienne orientée, on peut munir $A^r(V)$ d'une structure préhilbertienne : $\langle\alpha,\beta\rangle = \int_X \alpha\wedge *\beta = \int_X (\alpha,\beta)v$, v étant la forme volume.

1.3.6. Dérivation covariante "canonique" définie par g.

D est un opérateur différentiel $\mathbb{R}$-linéaire défini par les deux axiomes suivants, pour trois champs de vecteurs tangents :

i) $Xg(Y,Z) = g(D_X Y, Z) + g(Y, D_X Z)$

ii) $[X,Y] = D_X Y - D_Y X$

On voit facilement que D existe et est unique.

$(D_X Y)_x \in T(V)$ est la dérivation covariante de Y suivant le vecteur tangent X_x au point x : on vérifie qu'elle ne dépend que de X_x et non du champ X : $D_{fX}(Y) = f\, D_X Y$. On a de plus : $D_X(fY) = X(f)Y + fD_X Y$.

Nous verrons, au chapitre sur les connexions, qu'on peut étendre D_X en un opérateur sur l'algèbre des champs de tenseurs. (D est une connexion riemannienne sur le fibré tangent : voir 11-1-11).

1.3.7. Pour une forme différentielle, considérée comme une forme multilinéaire sur $T(V)$, on définit D par

$$D\alpha(X\,;X_1,\dots,X_r) = X(\alpha(X_1,\dots,X_r)) - \sum_{i=1}^{r} \alpha(\dots,X_{i-1},D_X X_i, X_{i+1},\dots).$$

Car on a alors

$$\begin{aligned} d\alpha(X_o,\dots,X_r) &= \Sigma(-1)^i\, D\alpha\,(X_i;\dots X_o,\dots,\hat{X}_i,\dots) \\ &= \Sigma(-1)^i\, X_i\alpha(X_o,\dots,\hat{X}_i,\dots) \\ &+ \sum_{i<j} (-1)^{i+j}\, \alpha([V_i,V_j],\dots,\hat{V}_i,\dots,\hat{V}_j,\dots)\,. \end{aligned}$$

1.3.8. <u>Expression dans un système de coordonnées.</u>

On pose $D_i(\partial_j) = \Sigma\, \Gamma^k_{\cdot ij}\, \partial_k$. Les $\Gamma^k_{\cdot ij}$ sont les <u>symboles de Christoffel</u>. Un calcul classique montre que :

$$\Gamma^k_{\cdot ij} = \Gamma^k_{\cdot ji}\,.$$

$$\Gamma^k_{\cdot jl} = \frac{1}{2}\,\Sigma\, g^{ik}(\partial_l\, g_{ij} + \partial_j\, g_{il} - \partial_i\, g_{lj})\,.$$

$$D_X Y = \Sigma(X^i\,\partial_i\, Y^k + \Gamma^k_{ij}\, X^i\, Y^j)\partial_k.$$

1.3.9. <u>Lemmes</u> :

Soit ∂_k une base orthogonale, dx^k base duale.

<u>Lemme 1</u> : $d\alpha = \Sigma\, dx^k \wedge D_{\partial_k}\alpha$

(on le vérifie en effet uniquement sur $A^o(V)$ et $A^1(V)$, les deux membres étant des dérivations pour $\wedge$).

<u>Lemme 2</u> : si v est la forme volume,

$$D_X * \alpha = * D_X\alpha \qquad \forall\ \alpha \in A^r(V),\ \forall\, X \in T(V),$$

d'où $Dv = 0$ (puisque $v = *\,1$).

1.3.10. <u>Opérateur δ.</u>

Si X est une variété riemannienne compacte orientée, on cherche un <u>adjoint formel</u> à d, i.e. on cherche δ tel que $\langle d\alpha,\beta\rangle = \langle\alpha,\delta\beta\rangle$, $\forall\ \alpha \in A^{r-1}$, $\beta \in A^r$.

$$\int d\alpha \wedge *\,\beta = \int d(\alpha \wedge *\,\beta) - (-1)^r \int \alpha \wedge d(*\beta)\,.$$

Etant donné la nullité de la deuxième intégrale, $(-1)^{n(r+1)} * d\, *$ fournit la solution.

Dans un système de coordonnées locales, avec $g = \det|g_{ij}|$, pour une 1-forme $\alpha = \Sigma\,\alpha_i\, dx^i$, $\partial\alpha = -\frac{1}{\sqrt{g}}\,\Sigma\,\frac{\partial}{\partial x^i}\,(\alpha_j\, g^{ij}\sqrt{g})\,.$

Pour une r-forme, l'expression générale n'est guère maniable ; on prend une base orthonormée en un point, (dx^k), et on a alors le

<u>Lemme</u> : $$\delta\alpha = \Sigma \operatorname{int}\left(\frac{\partial}{\partial x^k}\right) D_{\frac{\partial}{\partial x^k}} \alpha .$$

On définit int(V), opérateur linéaire de dérivation sur l'algèbre graduée extérieure par : $\operatorname{int}\left(\frac{\partial}{\partial x^k}\right) dx^i = 0$ si $i \neq j$ et 1 si $i = j$, et en étendant par linéarité sur V, vecteur tangent.

C H A P I T R E   II

VARIETES $\mathcal{C}^{\omega}$

§ 1. INTRODUCTION

2.1.1. Définition :

Si on a des cartes à but dans des ouverts de $\mathbb{C}^n$, les changements de carte se faisant par des fonction holomorphes, on dit alors que la variété est holomorphe, ou analytique complexe ou $\mathcal{C}^{\omega}$.
Elle est alors munie canoniquement d'une structure de $\mathcal{C}^{\infty}$ variété réelle orientée.

2.1.2. $\mathcal{C}^{\omega}$- structure

On note par $\mathcal{C}^{\omega}(X,Y)$ les morphismes de $\mathcal{C}^{\omega}$ variétés.
En 2.1.1, on s'est donné un recouvrement ouvert de X et des éléments de $\mathcal{C}^{\omega}(U_i,\mathbb{C}^n)$.
En $x \in X$, le plan tangent réel est $\mathbb{R}$- isomorphe à $\mathbb{C}^n$, ce qui le munit d'un opérateur J_x (la multiplication par i dans $\mathbb{C}^n$) tel que J_x^2 = -identité.
Réciproquement, la donnée du champ d'opérateur J et de la structure $\mathcal{C}^1$ de la variété permet de reconstituer sa structure complexe :

$$f \in \mathcal{C}^{\omega}(X,\mathbb{C}^n) \Leftrightarrow f \in \mathcal{C}^1(X,\mathbb{C}^n) \quad \text{et}$$

$$T(f) \circ J_X = iT(f) \qquad \text{(conditions de Cauchy).}$$

2.1.3. Espace tangent

Il faut différencier les espaces suivant qu'ils sont considérés sur $\mathbb{R}$ ou $\mathbb{C}$.

En un point x, $T_x(X) = \oplus\, \mathbb{C} \frac{\partial}{\partial z^i} \approx \oplus\, \mathbb{R} \frac{\partial}{\partial x^i} \oplus \mathbb{R} \frac{\partial}{\partial y^i}$.

L'opérateur J est la multiplication par i et s'écrit dans le système $(\frac{\partial}{\partial x^i}, \frac{\partial}{\partial y^i})$ =

$$J\left(\frac{\partial}{\partial x^i}\right) = \frac{\partial}{\partial y^i} \; ; \qquad J\left(\frac{\partial}{\partial y^i}\right) = \frac{\partial}{\partial x^i} \; .$$

On a déjà un fibré cotangent $T^*(X)$: $T_x^*(X) = \oplus\, \mathbb{R}\, dx^i \oplus \mathbb{R}\, dy^i$; on ne peut pas l'identifier à un $\mathbb{C}$-espace vectoriel de manière cohérente avec celle qu'on a choisi pour T. On note T'(X) le $\mathbb{C}$-dual de T(X) (i.e. $T'_x(X) = \mathrm{Hom}_{\mathbb{C}}(T_x(X), \mathbb{C})$).

$\hat{T}^* = T^* \otimes_{\mathbb{R}} \mathbb{C}$ est l'ensemble des $\mathbb{R}$ formes linéaires sur T à valeurs dans $\mathbb{C}$ (on notera désormais par ^l'opération $\otimes_{\mathbb{R}} \mathbb{C}$).

$\hat{T}^* = T'(X) \oplus T''(X)$ avec $T'' = \{\alpha \in \hat{T}^* \mid \alpha \circ J = -i\alpha\}$; T" est l'ensemble des formes $\mathbb{C}$ - antilinéaires.

On note $$T'_x(X) = \oplus\, \mathbb{C}\, dz^i$$
$$T''_x(X) = \oplus\, \mathbb{C}\, \overline{dz^i}$$

2.1.4. Types

Si l'on considère les formes différentielles sur X à valeurs dans $\mathbb{C}$, $\hat{A}^r(X)$, on les décompose de même :

$$\hat{A}^1(X) = A^{1,o}(X) \oplus A^{o,1}(X) \qquad (A^{1,o} = T' \text{ et } A^{o,1} = T'' \text{ par définition})$$

$$\hat{A}^r = \overset{r}{\Lambda}(A^{1,o} \oplus A^{o,1}) = \bigoplus_{p+q=r} (\overset{p}{\Lambda} A^{1,o} \otimes \overset{q}{\Lambda} A^{o,1})$$

Par définition $A^{p,q} = \overset{p}{\Lambda} A^{1,o} \otimes \overset{q}{\Lambda} A^{o,1}$ est l'ensemble des formes de type p - q.

De même pour les germes : $\underline{A}^{p,q}$. $\alpha \in A^{p,q}(X) \Leftrightarrow$ localement α s'écrit $\Sigma f\, dz^{i_1} \wedge \ldots \wedge dz^{i_p} \wedge d\bar{z}^{j_1} \wedge \ldots \wedge d\bar{z}^{j_q}$ avec f fonction de z et $\bar{z}$.

On a alors des projecteurs $P_{p,q} : \hat{A}^r \to A^{p,q}$ définis par la décomposition ci-dessus, et un opérateur C qui étend J

$$C : \hat{A}^r \to \hat{A}^r$$
$$(C\alpha)(V_1,\ldots,V_r) = \alpha(JV_1,\ldots,JV_r)$$
$$\text{i.e. } C = \Sigma\; i^{p-q}\, P_{p,q} .$$

2.1.5. Par dualité, on considère aussi $\hat{T}(X)$; les vecteurs tangents de type 1 - 0 sont les vecteurs propres pour J correspondant à la valeur propre i, ceux de type 0 - 1 correspondant à -i. Les vecteurs tangents à la variété réelle sous-jacente s'écrivent $V + \bar{V}$ avec V de type 1 - 0.

Lemme : $X(\alpha) = 0$ pour $X \in T^{1,o}(X)$, $\alpha \in A^{o,1}(X)$.

Lemme : Le crochet de deux champs de vecteurs de type 0 - 1 est de type 0 - 1.

§ 2. VARIETE PRESQUE COMPLEXE

Nous avons vu que la $\mathcal{C}^{\omega}$ structure d'une variété était déterminée par la $\mathcal{C}^{1}$ structure et la donnée du champ d'opérateur J.

Réciproquement, on cherche à quelles conditions on peut munir une variété réelle de dimension paire d'une structure de variété complexe.

2.2.1. Définition : Une variété réelle de dimension paire muni d'un champ J telle que J^2 = -identité est dite presque complexe.

Lemme : une variété presque complexe est orientable.

2.2.2. L'étude des variétés presque complexes recouvre celle des variétés complexes : voir Kobayashi-Nomizu ([16], volume II, Ch. IX) pour plus de détails.

En particulier, l'opérateur J est diagonalisable et a deux valeurs propres i et -i. On peut donc définir des types.

2.2.3. Variété presque complexe intégrable

Une structure presque complexe est intégrable si le crochet de deux champs de vecteurs de type 0 - 1 est de type 0 - 1.

On a d'ailleurs un théorème difficile : X presque complexe intégrable ⇔ X possède une $\mathcal{C}^{\omega}$ - structure sous-jacente à la structure presque complexe (cf. [19])

2.2.4. Grâce au théorème précédent, il nous reste à vérifier l'intégrabilité d'une structure presque complexe ; on préfère écrire la condition sous la forme :

Lemme : l'intégrabilité équivaut à la nullité de la torsion.

La torsion θ est définie par

$$\theta(V,W) = [V,W] - [JV,JW] + J[JV,W] + J[V,JW].$$

θ est antisymétrique en V,W et réelle ($\theta(V,W)$ réel pour V,W réels).

$\theta = 0 \Leftrightarrow \theta(V,W) = 0$ pour $V,W \in T^{0,1}$ (puisque $\theta(V,W) = \theta(\overline{V},\overline{W})$, $\forall$ V,W) ; or $\theta(V,W) = 2\,([V,W) - iJ[V,W])$ pour $V,W \in T^{0,1}$, d'où le lemme.

2.2.5. On trouve aussi la définition suivante de l'intégrabilité :

$\forall\ \omega$ de type (p,q), $d\omega$ est une somme de formes de type $(p+1,q)$ et $(p,q+1)$. Pour cela il suffit de vérifier la condition sur les formes de type 1 - 0.

Lemme : les deux définitions de l'intégrabilité sont équivalentes.

En effet, les formes de type 1 - 0 sont les 1 - formes ω : $\omega(V) = 0$ $\forall$ V de type 0 - 1. On veut $d\omega(V,W) = 0$ $\forall$ V,W de type 0 - 1, $\forall$ ω de type 1 - 0. $\Leftrightarrow V\omega(W) - W\omega(V) - \omega([V,W]) = 0$; $\Leftrightarrow \omega([V,W]) = 0 \Leftrightarrow [V,W]$ est de type 0 - 1.

2.2.6. Remarques : On peut trouver X munie d'une structure presque complexe ne possédant aucune structure complexe : voir [22].

Si X est de dimension réelle 2 et possède une structure presque complexe, cette structure est intégrable : en x, un vecteur tangent V non nul et JV fournissent une base de $T_x(X)$, et $\theta(V,JV) = 0$.

§ 3. VARIETE HERMITIENNE

2.3.1. Une structure hermitienne sur une variété presque complexe est une structure riemannienne invariante par J, i.e. $g(JV,JW) = g(V,W)$ $\forall V,W$.

Une variété hermitienne est une $\mathcal{C}^{\omega}$ - variété munie d'une structure hermitienne.

2.3.2. Espace vectoriel hermitien

Une forme hermitienne sur un espace vectoriel de dimension finie sur $\mathbb{C}$ est une application H de $E \times E$ dans $\mathbb{C}$, $\mathbb{C}$ linéaire sur le premier facteur et $\mathbb{C}$ antilinéaire sur le second, telle que $H(e,e') = \overline{H(e',e)}$ $\forall$ $e,e' \in E$.

On peut décomposer H : $H = S + iA$, avec S forme $\mathbb{R}$-bilinéaire symétrique à valeurs dans $\mathbb{R}$ et A forme alternée. On a alors $A(e,e') = S(e,ie')$ et $A(ie,ie') = A(e,e')$.

Réciproquement, la donnée d'une forme alternée A telle que $A(ie,ie') = A(e,e')$ permet de définir une forme hermitienne H.

Un espace vectoriel hermitien est un espace vectoriel muni d'une forme hermitienne définie positive (i.e. $H(e,e) > 0$ pour $e \neq 0$).

2.3.3. Justifions l'appellation de variété hermitienne : on étend g en une forme $\mathbb{C}$-bilinéaire sur $\hat{T}(X)$ qui détermine une forme hermitienne H :

$$H(X,\overline{Y}) = g(X,Y) + ig(X,JY) \quad \forall\, X,Y \in \hat{T}_x(X).$$

On note par ω la forme alternée $\omega(X,Y) = g(JX,Y)$; $\omega \in A_{\mathbb{R}}^{1,1}(X)$.

Réciproquement, étant donné une 2-forme $\omega \in A_{\mathbb{R}}^{1,1}(X)$, elle définit une forme hermitienne : si celle-ci est définie positive, on dit que $\omega > 0$ et ω détermine une structure hermitienne sur la variété complexe.

2.3.4. <u>Lemme</u> :

Toute variété (paracompacte) presque complexe admet une structure hermitienne.

On met une structure riemannienne g d'après 1-3-2 et l'on prend g' : $g'(X,Y) = g(X,Y) + g(JX,JY)$.

2.3.5. <u>Expression locale pour une variété hermitienne</u>

Soit $(z^1,\dots,z^n)$ une carte locale ; par souci de normalisation, on prend pour la base réelle associée $(x^1 = \frac{z^1+\bar{z}^1}{\sqrt{2}}, y^1,\dots,x^n,y^n)$.

Si $(x^1,\dots,x^n,y^n)$ est une base orthonormée pour g, g s'écrit $\begin{vmatrix} 0 & I \\ I & 0 \end{vmatrix}$ dans la base $(z^1,\dots,z^n, \bar{z}^1,\dots,\bar{z}^n)$. Sous cette forme, les propriétés de g sont évidentes :

i) $g(\bar{X},\bar{Y}) = \overline{g(X,Y)}$

ii) $g(X,\bar{X}) > 0 \quad \forall\ X \neq 0$

iii) $g(X,Y) = 0 \quad \forall\ X,Y \in T_x^{1,0}(X)$

iv) $g(JX,JY) = g(X,Y) = g(Y,X)$

Sur les coefficients, ceci se traduit par

$$g = \sum_{i,j=1}^{n} g_{i\bar{j}}\ dz^i \otimes \overline{dz}^j + \sum g_{\bar{i}j}\ \overline{dz}^i \otimes dz^j \ :$$

i) $g_{i\bar{j}} = \bar{g}_{\bar{i}j}$

ii) $g_{i\bar{i}} > 0$ en particulier

iii) $g_{ij} = 0$ pour $1 \le i,j \le n$

iv) $g_{i\bar{j}} = g_{\bar{j}i}$

$$\omega = +\, i \sum_{i,j=1}^{2n} g_{i\bar{j}}\ dz^i \wedge \overline{dz}^j$$

(un facteur 1/2 peut être introduit, suivant l'identification que l'on fait : $dz^1 \wedge \overline{dz}^1\ (z^1,\bar{z}^1) = 1$ ou 1/2).

Dans une base orthonormée, on voit que $\omega^n = \omega\wedge\dots\wedge\omega = n!v$ où v est la forme volume de la structure riemannienne sous-jacente.

§ 4. CALCUL DIFFERENTIEL

2.4.1. Sur une variété $\mathcal{C}^{\omega}$, on a décomposé en somme directe $A^r = \bigoplus_{p+q=r} A^{p,q}$.

L'opérateur d respecte cette décomposition : $d = d' + d''$.

$d' : A^{p,q} \to A^{p+1,q}$; $d'' : A^{p,q} \to A^{p,q+1}$, i.e. $d' = P_{p+1,q}d$, $d'' = P_{p,q+1}d$ sur $A^{p,q}$. d' et d'' sont des dérivations : $d'^2 = 0 = d''^2$; $d'd'' = -d''d'$ et $\overline{d'\alpha} = d''\overline{\alpha}$.

Notons que $id'd''$ (de même que d) est un opérateur réel, i.e. $id'd''\alpha \in A_{\mathbb{R}}$ pour $\alpha \in A_{\mathbb{R}}$, formes différentielles à valeurs dans $\mathbb{R}$.

2.4.2. Formes holomorphes

Définition : $\alpha \in \hat{A}^p$ est dite holomorphe si $\alpha \in A^{p,0}$ et $d''\alpha = 0$.

Lemme : $d'd''f = 0$ pour $f \in \mathcal{C}^{\infty}(X,\mathbb{C})$ $\Leftrightarrow$ localement $f = g + \overline{h}$ avec $g,h \in \mathcal{C}^{\omega}(U)$.

La condition s'écrit $dd''f = 0$, d'où d'après Poincaré $d''f = d\,\overline{h}$; $d''f$ étant de type 0 - 1, $d'\overline{h} = 0$, i.e. h est holomorphe ; $d''(f - \overline{h}) = 0$, $f - \overline{h}$ est holomorphe, et $f = g + \overline{h}$.

Par exemple, pour $f \not\equiv 0$ et f ou $\overline{f} \in \mathcal{C}^{\omega}$, $id'd''\mathrm{Log}|f|^2 = 0$.

2.4.3. Forme volume

Une forme volume réelle s'écrira, par définition, en coordonnées complexes, $v = i^n f_U\, d_z^{\,1} \wedge \ldots \wedge dz^n \wedge d\overline{z}^1 \wedge \ldots \wedge d\overline{z}^n$ sur l'ouvert U, avec $f_U \in \mathcal{C}^{\infty}(X,\mathbb{R})$, f_U partout strictement positive. Pour un changement de cartes holomorphe ξ, $f_V = |\det \xi|^{-2} f_U$, et d'après le lemme $id'd''\mathrm{Log}\, f_U = id'd''\mathrm{Log}\, f_V$.

Une forme volume définit donc une forme $\alpha \in A^{1,1}_{\mathbb{R}}(X)$; une autre forme volume est gv, avec g fonction réelle ne s'annulant pas : $\alpha_{gv} = \alpha_v + id(d''g)$, c'est-à-dire les formes volumes définissent la même classe de cohomologie dans $H^2(X,\mathbb{R})$ (par le théorème de De Rham, voir 1.2.4).

Signalons que l'on définit aussi une forme volume complexe $\phi \in A^{n,0}(X)$ qui s'écrit localement $s_U\, dz^1 \wedge \ldots \wedge dz^n$; on a de même $d''\mathrm{Log}\, s_U = d''\mathrm{Log} s_V$ et une classe de d''-cohomologie.

2.4.4. Théorème de Dolbeault

Soit $\underline{\Omega}^p$ le faisceau des germes de p formes holomorphes.

<u>Théorème</u> : $0 \to \underline{\Omega}^p \to \underline{A}^{p,o} \xrightarrow{d''} \ldots \underline{A}^{p,n} \to 0$ est une résolution fine de $\underline{\Omega}^p$.

Le théorème se démontre comme le lemme de Poincaré, en utilisant le lemme suivant (Cf. [12]).

<u>Lemme</u> : Soient Δ polydisque de $\mathbb{C}^n$ compact, U un ouvert contenant Δ. Soit $\alpha \in A^{p,q}(U)$ avec $d''\beta = 0$. Alors $\exists\ \beta \in A^{p,q-1}(\Delta)$ tel que $d''\beta = \alpha$ sur $\overset{\circ}{\Delta}$.

<u>Les groupes de Dolbeault</u> $\mathfrak{D}^{p,q}(X) = \dfrac{\mathfrak{Z}^{p,q}(X)}{\mathfrak{B}^{p,q}(X)}$

avec $\mathfrak{Z}^{p,q}(X) = \{\alpha \in A^{p,q}(X),\ d''\alpha = 0\}$,

$\mathfrak{B}^{p,q}(X) = \{\alpha \in A^{p,q}(X),\ \exists\ \beta : \alpha = d''\beta\}$

La résolution fine entraîne le théorème dit de Dolbeault $\mathfrak{D}^{p,q}(X) \approx H^q(X,\underline{\Omega}^p(X))$ au sens de la cohomologie à valeur dans un faisceau.

<u>Remarque</u> : En général, on n'a pas d'isomorphisme $\mathfrak{D}^{p,q}(X) \approx \mathfrak{D}^{q,p}(X)$, sauf dans le cas où X est une variété kählérienne.

$H^q(X,\underline{\Omega}^p(X))$ <u>est noté "$H^{p,q}(X,\mathbb{C})$</u>.

<u>Attention</u> : On a aussi les groupes $H^{p,q}(X,\mathbb{C})$, sous-ensemble des classes de $H^{p+q}(X,\mathbb{C})$ qui contiennent une forme de type p - q.

2.4.5. <u>Lemme</u> : Soit $\alpha \in A^{1,1}_{\mathbb{R}}(X)$; si $d\alpha = 0$, localement $\alpha = id'd''f$ avec $f \in \mathcal{C}^\infty(X,\mathbb{R})$.

$\alpha = d\beta$ d'après Poincaré ; posons $P_{1,0}\beta = \gamma$, $P_{0,1}\beta = \delta$; $d'\gamma = 0 = d''\beta$, d'où d'après Dolbeault, $\gamma = d's$ et $\delta = d''\bar{s}$, i.e. $\alpha = id'd''\ (i(s-\bar{s}))$.(Voir version globale en 6.3.5).

2.4.6. <u>Opérateurs δ'' et δ' sur une variété hermitienne</u> :

En 1.3.4, nous avons défini $*$ pour une variété riemannienne orientée ; nous étendons $*$ à $\hat{A}(X)$ par $\mathbb{C}$-linéarité :

$$* : A^{p,q} \to A^{n-q,n-p} \quad \text{et} \quad ** = (-1)^r.$$

On a de même, en notant par $(.,.)$ la forme hermitienne, et v la forme volume canonique : $(\alpha,\beta)v = \alpha \wedge * \bar{\beta}$.

Le produit scalaire global $\langle .,. \rangle = \int_X (.,.)v$ permet de définir un adjoint formel à d", dans le cas d'une variété compacte : $\langle d''\alpha,\beta\rangle = \langle\alpha,\delta''\beta\rangle$ par définition.

En effet $\langle d''\alpha,\beta\rangle = \int_X d''\alpha \wedge * \bar{\beta} = \int d''(\alpha \wedge * \bar{\beta}) + (-1)^r \int \alpha \wedge d'' * \bar{\beta}$.

$\alpha \wedge * \bar{\beta} \in A^{n,n-1}$ d'où $d''(\alpha \wedge \bar{\beta}) = d(\alpha \wedge * \bar{\beta})$ et la première intégrale est nulle. On met la seconde sous la forme $(-1)^r(-1)^{r+1} \int \alpha \wedge ** \overline{d' * \beta}$, d'où la solution $\delta'' = - * d' *$.

2.4.7. On définit de même δ', adjoint forme de d' : $\delta' = - * d'' *$, et $\delta = \delta' + \delta''$.

<u>Lemme</u> : Soit X une variété hermitienne compacte et $(dz^k, d\bar{z}^k)$ une base orthonormée en un point. Alors :

$$d'\alpha = \Sigma\, dz^k \wedge D_k\, \alpha$$

$$d''\alpha = \Sigma\, d\bar{z}^k \wedge D_{\bar{k}}\, \alpha$$

$$\delta'\alpha = - \Sigma \operatorname{int}\left(\frac{\partial}{\partial z^k}\right) D_{\bar{k}}\, \alpha$$

$$\delta''\alpha = - \Sigma \operatorname{int}\left(\frac{\partial}{\partial \bar{z}^k}\right) D_k\, \alpha$$

en notant par D_k, $D_{\frac{\partial}{\partial z^k}}$.

CHAPITRE III

VARIETES KAHLERIENNES

§ 1. DEFINITION

Nous allons définir au moyen du lemme suivant un type de variétés complexes dont la cohomologie s'explicite plus facilement que dans le cas général.

3.1.1. Lemme

Soit $(X,J,g$ ou $\omega)$ une variété hermitienne, D la dérivation covariante définie en 1.3.6.

Il y a équivalence entre les conditions suivantes :

i) $D \circ J = J \circ D$ i.e. $\forall\ X,Y,\ D_X JY = JD_X Y$.

ii) $D\omega = 0$

iii) $d\omega = 0$

i) $\Rightarrow$ ii) $\Rightarrow$ iii) trivialement. Montrons que iii) $\Rightarrow$ i) : posons $X_k = \frac{\partial}{\partial z^k}$.

a) $D_{X_k}\bar{X}_1 = 0$

$0 = d\omega(X_k,X_h,\bar{X}_1) = X_k\ \omega(X_h,\bar{X}_1) + X_h\omega(\bar{X}_1,X_k) + \bar{X}_1\omega(X_k,X_h) - \omega([X_k,X_h],\bar{X}_1 +$ $\omega([X_k,\bar{X}_1],\ X_h) - \omega([X_h,\bar{X}_1],\ X_k)$.

Les seuls termes non nuls sont $X_k g(X_h,J\bar{X}_1) + X_h g(\bar{X}_1,JX_k)$, d'où $g(D_{X_k}\bar{X}_1,X_h) =$ $g(D_{X_h}\bar{X}_1,X_h) = 0$, ce qui en combinant avec l'expression plus haut entraine $g(D_{\bar{X}_1}\ X_k,X_h) = 0 \quad \forall\ h$.

$D_{X_k}\ \bar{X}_i = 0$ et par symétrie $D_{\bar{X}_k} X_i = 0$.

b) On veut montrer $JD_{X_k}X_1 = iD_{X_k}X_1$, soit puisque g est non dégénérée,

$g(JD_{X_k}X_1,\bar{X}_j) = ig(D_{X_k}X_1,\bar{X}_j)$ ou $-g(D_{X_k}X_1,J\bar{X}_j) = ig(D_{X_k}X_1,\bar{X}_j)$ puisque $g \circ J' = g$;

d'où le résultat.

3.1.2. Définition :

Une variété hermitienne (X,Y,ω) qui vérifie l'une des trois conditions équivalentes du lemme 3.1.1. est dite kählérienne.

ω est la forme de kähler et définit une classe de $H^{1,1}(X,\mathbb{R})$. Elle est > 0 (au sens de 2.3.3.).

3.1.3. Proposition :

Sur une variété complexe, une forme id'd"f, si elle est définie positive, est une forme de kähler.

Réciproquement, localement, toute forme de kähler s'écrit sous cette forme. C'est en effet le lemme 2.4.5.

3.1.4. Contre-proposition :

Si (X,J,ω) est kählérienne compacte, ω ne peut être globalement un bord. En effet $\int_X \omega^n$ est le volume ; si $\omega^p = d\alpha$ $(0 \leq p \leq n)$,

$\int \omega^n = \int d(\alpha\wedge\omega^{n-p}) = 0.$

En particulier, les classes de cohomologie d'ordre pair ne peuvent être nulles puisque contenant ω^p.

On en déduit que S^{2n}, $S^{2p+1} \times S^{2q+1}$ ne peuvent être munies d'une structure kählérienne ($H^*(X \times Y,\mathbb{R}) \approx H^*(X,\mathbb{R}) \otimes H^*(Y,\mathbb{R})$ et $H^k(S^p) = 0$ pour $0 < k < p$). Or (voir [6]) on peut munir $S^{2p+1} \times S^{2q+1}$ d'une structure complexe.

§ 2. EXEMPLES

3.2.1. $\mathbb{C}^n$ avec la métrique ordinaire ; $\omega = i\, \Sigma\, dz^j \wedge d\bar{z}^j$.

3.2.2. Projectif associé à un espace hermitien E. Soit $\|.\|$ la norme sur E, p la projection $E - \{0\} \to \mathbb{P}(E)$.

Lemme : $\exists\, \omega_0$ unique $\in A^{1,1}_{\mathbb{R}}(\mathbb{P}(E))$ telle que $p^*\omega_0 = $ id'd"Log $\| \; \|^2$.

Soit une base $(z_1,\dots,z_n)$ orthonormée de E. Dans l'ouvert $\{z_i \neq 0\}$ de $\mathbb{P}(E)$, on pose $\omega_0 = $ id'd" Log $\dfrac{\Sigma|z_i|^2}{|z_i|^2}$. Sur $\{z_i \neq 0\} \cap \{z_j \neq 0\}$, d'd" Log$\left|\dfrac{z_i}{z_j}\right|^2 = 0$

d'où ω_0 est bien définie. Globalement, ω_0 ne peut s'écrire id'd"f.

Lemme : ω_0 est une forme de kähler sur $P^n(\mathbb{C})$ (dite canonique).

Il nous reste à vérifier que $\omega_o > 0$. $p^* \omega_o$ est invariante par l'action de $U(n+1)$ (groupe unitaire) sur $\mathbb{C}^{n+1}$: cette action se projette sur $\mathbb{P}^n$ et ω_o est invariante ; $\omega_o(X,JX)$ est une constante pour un vecteur tangent de norme 1, $\omega_o > 0$.

3.2.3. <u>$\mathcal{C}^\omega$ revêtement</u> $p : X \to X'$.

Si (X,J,ω) est kählérienne et telle que tous les automorphismes de revêtement soient des isométries, alors X' est muni canoniquement d'une structure kählérienne telle que $\omega = p^* \omega'$.

Ceci s'applique aux <u>tores complexes</u> $\mathbb{C}^n/\Gamma$ pour la structure canonique de $\mathbb{C}^n$ (où Γ est un sous-groupe discret de rang 2n de $\mathbb{C}^n$).

3.2.4. De même une $\mathcal{C}^\omega$ sous-variété d'une variété kählérienne (resp. une $\mathcal{C}^\omega$ immersion) est munie canoniquement d'une structure kählérienne : par exemple les sous variétés algébriques sans singularités de $\mathbb{P}^n$.

3.2.5. <u>Proposition</u> :

Une $\mathcal{C}^\infty$ variété de dimension réelle 2 orientée peut être munie d'une structure kählérienne (et même de Hodge, voir plus loin 6.4.4).

On munit X d'une structure riemannienne, ce qui permet, avec l'orientation, de définir J comme la rotation d'angle $+\pi/2$.

La structure est alors hermitienne et $d\omega = 0$ à cause du degré. Il reste à vérifier que la structure presque complexe est intégrable.

On cherche une carte complexe $z = f + ig$. Δ étant un opérateur elliptique, localement on peut trouver f telle que $\Delta f = 0$ et $df \neq 0$. $* df$ est encore une 1-forme, qui est fermée : $*d*df = \delta df = \Delta f = 0$. Localement, on a donc $g : dg = *df$ et la carte complexe cherchée $f + ig$.

3.2.6. <u>Métrique kählérienne suivant Bergmann</u>.

Sous certaines conditions, on va pouvoir définir sur une $\mathcal{C}^\omega$ variété une structure kählérienne canonique (cf. [23] p.57-65), phénomène qui n'existe pas en géométrie riemannienne.

<u>Esquisse</u> : Soit X une $\mathcal{C}^\omega$ variété de dimension n ; $\Omega^n(X)$ les n-formes holomorphes sur X.

Pour toute structure hermitienne de X, $*\alpha = i^{n^2} \alpha$ pour $\alpha \in A^{n,o}$, c'est-a-dire $*|A^{n,o}$ ne dépend pas de la structure choisie, de même que le produit scalaire $(\alpha,\beta) = i^{n^2} \int_X \alpha \wedge \overline{\beta}$.

Ω^n contient un sous espace préhilbertien $V = \{\alpha \in \Omega^n, (\alpha,\alpha) < +\infty\}$. On montre alors que V est un Hilbert à base dénombrable (α_i). On a alors une forme canonique $\theta = i^{n^2} \Sigma\, \alpha_i \wedge \overline{\alpha_i} \in A_{\mathbb{R}}^{n,n}(X)$. Par construction θ est invariante pour tout C^{ω} automorphisme de C, et $\theta \geq 0$.

A θ, on associe ω de la manière suivante : si $\alpha_i = f_i dz^1 \wedge \ldots \wedge dz^n$, $\omega = i d'd'' \mathrm{Log}\, \Sigma\, f_i \overline{f_i}$. Le problème est donc de vérifier si ω est définie positive.

Les deux cas suivants ont été traités :

i) un ouvert borné de $\mathbb{C}^n$, par Bergmann

ii) une hypersurface de $\mathbb{P}^n$ définie par un polynome de degré $\geq n+2$: voir [15].

3.2.7. <u>Théorème de Chow</u> ([12], p. 170)

Une sous-variété analytique (compacte) de $\mathbb{P}^n$ est algébrique, i.e. est définie par des polynômes.

CHAPITRE IV

ECLATEMENTS

Le corps de base ($\mathbb{R}$ ou $\mathbb{C}$) est noté k.

§ 1. ECLATEMENT D'UN POINT

4.1.1. Espace vectoriel de dimension finie.

Soit E un espace vectoriel de dimension n sur k.

L'éclaté $\widetilde{E}$ de E en l'origine est la fermeture du sous-espace $\{z_1,\dots,z_n, (z_1,\dots,z_n),\ z \neq 0\}$ de $E \times \mathbb{P}(E)$, $(z_1,\dots,z_n)$ étant un système de coordonnées homogènes de $\mathbb{P}(E)$. Si l'on note par $\pi : \widetilde{E} \to E \times \mathbb{P}(E) \to E$ la projection de $\widetilde{E}$ sur E, π est un isomorphisme analytique de $\widetilde{E} - \pi^{-1}(0)$ sur $E - \{0\}$, et $\pi^{-1}(0) \approx \mathbb{P}(E)$.

Notons que $\widetilde{E}$ est recouvert par n ouverts de coordonnées U_i : $\{z_i, \frac{z_1}{z_i},\dots,\hat{z_i},\dots,\frac{z_n}{z_i}\}$.

4.1.2. Variété : Remarquons que la variété $\widetilde{E}$ obtenue est indépendante, à un isomorphisme analytique près, du choix de coordonnées sur E. Nous pouvons alors définir l'éclaté $\widetilde{V}$ d'une variété en un point x en prenant un voisinage de coordonées de ce point :

$$\begin{array}{ccccc} \widetilde{U} & \longrightarrow & U & \hookrightarrow & V \\ \wr & & \wr & & \\ \pi^{-1}(U') & \longrightarrow & U' & \hookrightarrow & E \end{array}$$

L'éclaté $\widetilde{U}$ de U est isomorphe analytiquement à $\pi^{-1}(U')$ et $\widetilde{V}$ est obtenu par recollement de $\widetilde{U}$ avec $V - U$. L'espace obtenu $\widetilde{V}$ est indépendant de l'ouvert choisi ; on définit alors sans peine l'éclaté d'une variété en un nombre fini de points distincts, la variété obtenue étant indépendante de l'ordre choisi pour les points.

4.1.3. Exemple : surface de Kümmer

Soit K un tore complexe de dimension 2. Sur K on a une involution σ, projection de la symétrie de $\mathbb{C}^2$ qui laisse 16 points invariants. On fait éclater les 16 points, ce qui donne une surface $\hat{K}$ sur laquelle σ se remonte. La surface de Kümmer X est le quotient de $\hat{K}$ par $\hat{\sigma}$.

Ce quotient $\hat{K}/\hat{\sigma}$ est en fait une variété (alors que K/σ ne l'est pas), l'éclatement a précisément cette vertu. Localement, au voisinage d'un point d'un diviseur exceptionnel, $\hat{K}$ est le produit de $\mathbb{C}$ par la droite complexe normale, $\hat{\sigma}$ agissant sur la seconde par $z \to -z$; le quotient de $\mathbb{C}$ par la symétrie est bien une variété.

§ 2. ECLATEMENT D'UNE SOUS-VARIETE

4.2.1. Soit Y une sous-variété (sans singularités) de X, de codimension n, N le fibré normal (7.1) à Y dans X.

On définit l'éclaté $\tilde{X}$ de X le long de Y localement : si Y est définie par $x_1 = \dots = x_n = 0$ dans l'ouvert de coordonnées $U(y,x) = U_1(y_1,\dots,y_p) \times U_2(x_1,\dots,x_n)$, $\tilde{X}$ est au-dessus de cet ouvert isomorphe analytiquement à $U \cap Y \times \tilde{U}_2$, $\tilde{U}_2$ désignant l'éclaté de U_2 en l'origine.

On a un morphisme $\pi : \tilde{X} \to X$ dont la restriction à $\tilde{X} - \pi^{-1}(Y) \xrightarrow{\sim} X - Y$ est un isomorphisme analytique. $\pi^{-1}(Y)$ est le <u>diviseur exceptionnel</u> de l'éclatement : c'est bien un diviseur puisque de codimension 1 dans $\tilde{X}$.

Remarquons que $\pi^{-1}(Y)$ est un espace fibré sur Y dont la fibre est isomorphe à $\mathbb{P}^{n-1}(k)$, i.e. on a le diagramme suivant, pour tout point y de Y :

$$\begin{array}{ccccc} \mathbb{P}^{n-1} \approx \pi^{-1}(y) & \longrightarrow & \pi^{-1}(Y) & \longrightarrow & \tilde{X} \\ \downarrow & & \downarrow & & \downarrow \\ y & \longrightarrow & Y & \longrightarrow & X \end{array}$$

<u>Remarque</u> : Si Y est de codimension 1 dans X, $\tilde{X} = X$ et π est l'identité. Si $Y = X$, on pose $\tilde{X} = \emptyset$ (ensemble vide). Nous laissons au lecteur le soin de choisir une convention pour l'éclaté de X le long de $\emptyset$.

4.2.2. <u>Système de coordonnées</u>.

Au-dessus de $U(y,x)$, $\tilde{X}$ est recouvert par les n ouverts U_i de coordonnées $(\frac{x_1}{x_i},\dots,x_i,\dots,\frac{x_n}{x_i},y_1,\dots,y_p)$, $\pi^{-1}(Y)$ étant le diviseur défini dans U_i par $x_i = 0$.

<u>Corollaire</u> : Soit N le fibré normal (7.1) à Y dans X ; si Y est considéré comme la section nulle de N, et si $\tilde{N}$ est l'éclaté de N le long de Y, $\pi'^{-1}(Y) \approx \pi^{-1}(Y)$.

On a en effet les mêmes équations pour les deux éclatements, N étant donné localement par le système de coordonnées $(x_1,\dots,x_n,y_1,\dots,y_p)$ les variables $x_1,\dots,x_n$ étant dans ce cas linéaires. On remarque que N a une structure de fibré en droites sur $\pi^{-1}(Y)$ qui le rend isomorphe au fibré normal de $\pi^{-1}(Y)$ dans $\widetilde{X}$.

4.2.3. Proposition (se reporter au chapitre VIII pour les définitions).

Dans le cas de l'éclatement de X en un point, le diviseur exceptionnel est isomorphe à $\mathbb{P}^{n-1}$ et noté P. Alors $[P]_P^{-1}$ est isomorphe au fibré standard de $\mathbb{P}^{n-1}$.

$\widetilde{N} \simeq [P]$ a pour fonctions de transition $f_{ij} = \frac{x_i}{x_j}$ sur P et le fibré standard $\frac{x_j}{x_i}$.

Notons qu'au contraire pour l'inclusion $\mathbb{P}^{n-1} \hookrightarrow \mathbb{P}^n$, $[P^{n-1}]_{P^{n-1}}$ est isomorphe au fibré standard de $\mathbb{P}^{n-1}$.

§ 3. ECLATEMENT D'UNE VARIETE KÄHLERIENNE

4.3.1. Proposition : $\widetilde{X}_a$ est une variété kählérienne si X l'est.

Soit φ la forme de kähler sur X, U voisinage de coordonnées de a, $\pi^*\varphi$ est fermée et positive, mais n'est définie positive que sur $\pi^{-1}(X - \{a\})$. Soit f une fonction plateau à support dans U ($0 \leq f \leq 1$ et $f = 1$ au voisinage de a).

Sur $U \times (\mathbb{C}^n - \{0\})$ considérons la forme $\theta = id'd''(p_1{}^*f\ p_2{}^*\mathrm{Log}\|\ \|^2)$, p_1 et p_2 étant les deux projections de $U \times (\mathbb{C}^n - \{0\})$. Cette forme est positive sur $\pi^{-1}(f^{-1}(1))$ et sa restriction aux fibres de p_1 est $i\ p_1{}^*f\ d'd''\mathrm{Log}\|\ \|^2$. Elle se projette sur $U \times \mathbb{P}^{n-1}(\mathbb{C})$ et on en considère la restriction ϕ à $\widetilde{X}_a$. Ainsi ϕ est ≥ 0 sur $\pi^{-1}(b^{-1}(1))$ et égale à la forme canonique de $\mathbb{P}^{n-1}$ sur $\pi^{-1}(a)$. Donc il existe un scalaire ε assez petit pour que la forme $\omega = \varepsilon\phi + \pi^*\varphi$ soit définie positive ; c'est la forme de kähler cherchée.

4.3.2. Remarque : si l'on remplace f par une autre fonction plateau, la forme de kähler $\omega_{f'}$ est cohomologue à ω_f. $\phi_f = d\alpha$ sur $\hat{X}_a - \pi^{-1}(a)$, $\omega_f - \omega_{f'} = d\alpha - d\alpha'$ sur $\widetilde{X}_a - \pi^{-1}(a)$ et 0 sur $\pi^{-1}(a)$, $\alpha - \alpha'$ étant nulle au voisinage de $\pi^{-1}(a)$, donc pouvant être prolongée par 0.

C H A P I T R E   V

COHOMOLOGIE ET FORMES HARMONIQUES

§ 1. THEORIE DE HODGE-DE RHAM

5.1.1. Soit X une $\mathcal{C}^\infty$ variété.

En 1.2.4, nous avons considéré les groupes de de Rham $\mathfrak{Z}^r/\mathfrak{B}^r \approx H^r(X,R)$. Nous voudrions relever $H^r(X,R)$ dans $\mathfrak{Z}^r(X)$.

Pour cela munissons X d'une structure riemannienne g et supposons X compacte orientée. $\mathfrak{Z}^r(X)$ est alors muni d'une structure préhilbertienne (1.3.5). Un élément de $H^r(X,\mathbb{R})$ correspond à un sous-espace affine C de $\mathfrak{Z}^r(X)$ qui est déterminé par la projection orthogonale de 0, que nous noterons α. $\mathfrak{Z}^r$ n'étant pas complet, le problème est de déterminer si $\alpha \in \mathfrak{Z}^r$.

5.1.2. Proposition :

Il y a équivalence entre les trois conditions suivantes, avec la norme $\|.\|$, pour un élément α de c, où $c \in \mathfrak{Z}^r/\mathfrak{B}^r$:

i) $\|\alpha\| = \inf\limits_{\beta \in c} \|\beta\|$

ii) $\delta\alpha = 0$

iii) α est la projection orthogonale de 0 sur la classe c.

En effet, $\|\alpha + d\gamma\|^2 = \|\alpha\|^2 + 2<\alpha, d\gamma> + \|d\beta\|^2$ et $<\alpha,d\gamma> = <\delta\alpha,\gamma>$ par définition de δ (1.3.10).

5.1.3. Théorème de Hodge-De Rham.

Soit X compacte riemannienne orientée. Dans chaque classe c, il existe une forme unique α telle que $\delta\alpha = 0$.
α s'appelle la forme harmonique de la classe c.

On introduit l'opérateur $\Delta = d\delta + \delta d$, appelé laplacien, et comme $<\Delta\alpha,\alpha> = \|d\alpha\|^2 + \|\delta\alpha\|^2$, on a l'équivalence des conditions $\Delta\alpha = 0$ et $d\alpha = 0 = \delta\alpha$.

Nous ne démontrerons pas 5.1.3. Dans une base orthonormée en m, l'opérateur Δ s'écrit $\Delta\alpha(m) = -\Sigma \dfrac{\partial^2\alpha}{(\partial x_i)^2}(m)$; Δ est donc elliptique et la théorie des opérateurs elliptiques sur une variété compacte démontre en particulier 5.1.3.

(voir [21], pour une démonstration rapide et moderne, ou [20], ch. V , et [25] ch. III).

5.1.4. Théorème :

Soit $\mathcal{H}^r(X)$ l'espace des r-formes harmoniques, i.e. des $\alpha \in A^r(X)$, $\Delta\alpha = 0$. De 5.1.3. on tire que $\mathcal{H}^r(X) \approx H^r(X,\mathbb{R})$.

Théorème : Soit X une variété riemannienne compacte orientée

1) $\dim \mathcal{H}^r(X) < \infty$

2) $A^r(X) = \mathcal{H}^r(X) \oplus \mathcal{B}^r(X) \oplus \delta(A^{r+1}(X))$.

Nous ne démontrerons pas 1) qui provient aussi de la théorie des opérateurs différentiel elliptiques. $\mathcal{H}^r$, $\mathcal{B}^r$, $\delta(A^{r+1}(X))$ sont mutuellement orthogonaux et il reste à montrer qu'ils engendrent A^r, ce qui résulte de 5.1.3.

On peut mettre 2) sous la forme $A^r(X) = \mathcal{H}^r(X) \oplus \Delta(A^r(X))$.

On introduit souvent les opérateurs de degré 0, H et G : H est la projection orthogonale de A^r sur $\mathcal{H}^r$ et G vérifie $1 = H + \Delta G = H + G\Delta$. On a alors l'équivalence des conditions suivantes : α harmonique $\Leftrightarrow \alpha = H\alpha \Leftrightarrow G\alpha = 0 \Leftrightarrow d\alpha = 0 = \delta\alpha$.

5.1.5. Remarque :

Nous avons donc relevé canoniquement les classes de cohomologie, une fois la structure riemannienne donnée, mais il faut remarquer que ce relèvement ne commute pas avec le produit $\wedge$, le produit de deux forme harmoniques n'étant pas harmonique en général.

5.1.6. Application à la cohomologie des variétés compactes orientées.

On peut munir X d'une structure riemannienne et considérer les formes harmoniques. On a vu que $\mathcal{H}^r(X) \approx H^r(X,\mathbb{R})$. L'opérateur Δ commutant au signe près avec $*$, on aura $\mathcal{H}^r(X) \approx \mathcal{H}^{n-r}(X)$ ce qui entraîne $H^{n-r}(X,\mathbb{R}) \approx H^r(X,\mathbb{R})$.

Définition : nombre de Betti

$\dim_{\mathbb{R}} \mathcal{H}^r(X) = \dim_{\mathbb{R}} H^r(X,\mathbb{R})$ est le r-ième nombre de Betti de la variété compacte X. On a la symétrie $b_r = b_{n-r}$.

Dans le cas des variétés complexes compactes munies d'une structure hermitienne, on a de plus un opérateur $\square = \delta''d'' + d''\delta''$, des formes d"-harmoniques (i.e. $\square\alpha = 0$), et dans chaque classe de d"-cohomologie (2.4.4) $''H^{p,q}(X)$ une forme d"-harmonique et une seule (voir 6.2.6).

§ 2. COHOMOLOGIE DES ESPACES HOMOGENES RIEMANNIENS

Nous allons appliquer les résultats du paragraphe 1 aux espaces homogènes riemanniens (cf. 1.3.3).

On suppose $X = G/H$ avec G groupe de Lie compact, H sous groupe fermé. On a vu que X pouvait être muni d'une structure d'espace homogène riemannien (unique si H_* est irréductible).

5.2.1. Lemme :

Si G est connexe, toute forme harmonique sur X est invariante par G.

Démonstration :

Les isométries commutent avec Δ : si α est harmonique, $\hat{\gamma}^*\alpha$ est harmonique. Soit γ_t un sous groupe à un paramètre de G, V le champ de vecteurs associé.

$$\hat{\gamma}_1^* \alpha - \alpha = \int_0^1 \frac{d}{dt} (\hat{\gamma}_t^* \alpha) dt = \int_0^1 \mathcal{L}_V (\hat{\gamma}_t^* \alpha)\, dt$$

$\mathcal{L}_V$ désignant la dérivée de Lie suivant le champ V. $\mathcal{L}_V = i(V)\circ d + d\circ i(V)$ et comme $d\alpha = 0$,

$$\hat{\gamma}_1^* \alpha - \alpha = d \int_0^1 i(V)\, \hat{\gamma}_t^* \alpha . dt \in \Delta^{-1}(0) \cap \operatorname{Im} d = \{0\}$$

d'où le résultat (pour la formule $\mathcal{L}_V = i(V)\circ d + d\circ i(V)$, voir par exemple [16], p.35).

5.2.2. Remarque :

En général on a $\mathrm{Inv}^r(X) \not\supset \mathcal{H}^r(X)$. Par contre, si G/H est symétrique riemannien, on va montrer que l'on a l'égalité $\mathrm{Inv}^r(X) = \mathcal{H}^r(X)$ (où l'on noté $\mathrm{Inv}^r(X)$ l'ensemble des r-formes invariantes par G).

Définition :

G/H est dit symétrique s'il existe une involution $\sigma(\sigma^2 = 1)$ sur G, G connexe, telle que $G_0^\sigma \subset H \subset G^\sigma$, G^σ étant le sous-groupe des points fixes de σ et G_0^σ la composante connexe de l'origine. Un tel espace est dit riemannien si G/H est homogène riemannien.

L'application S, dite symétrie par rapport à l'origine, est ainsi définie : soit x_0 l'origine de G/H, c'est-à-dire la classe à gauche H. Si $x \in G/H$, $g(x_0) = x$, $g \in G$, on pose $S(x) = \sigma(g).x_0$. Comme S est l'identité sur H, cette définition est cohérente. On a bien sûr S^2 = identité et, sur l'espace tangent à l'origine $T_{x_0}(G/H)$:

$$T_{x_0}(S) = -\text{ identité.}$$

Enfin on a aussi : $\forall g \in G : \sigma(g) \circ S = S \circ g$

Lemme (voir [17], p.178) :

Soit α une forme différentielle sur G/H, espace symétrique, invariante par G et de degré r. Alors $S^*\alpha = (-1)^r\alpha$. En particulier S est une isométrie.

Démonstration :

Puisque $T_{x_0}(S)$ est (-identité), on a : $(S^*\alpha)_{x_0} = (-1)^r\alpha_{x_0}$. Soit maintenant x quelconque, $x = g(x_0)$. Vue l'invariance de α par G, on a successivement :

$$(g^*S^*\alpha)_{x_0} = g^*((S^*\alpha)_{x_0}) = g^*((-1)^r\alpha_{x_0}) = (-1)^r(g^*\alpha)_{g(x_0)} = (-1)^r\alpha_x$$

$$(g^*S^*\alpha)_{x_0} = ((S\circ g)^*\alpha)_{x_0} = ((\sigma(g)\circ S)^*_\alpha)_{x_0} = (S^*\sigma(g)^*\alpha)_{x_0} =$$

$$S^*(\alpha_{\sigma(g)x_0}) = S^*(\alpha_{S(x)}) = (S^*\alpha)_x.$$

Pour voir que S est une isométrie, on prend $\alpha = g$ $(r = 2)$.

Théorème :

Si G/H est un espace riemannien symétrique, alors, pour tout r : $\mathrm{Inv}^r(G/H) = \mathcal{H}^r(G/H)$.

Démonstration :

Comme S est une isométrie, on aura $\delta \circ S^* = S^* \circ \delta$ et comme G agit par isométries, on aura : $\alpha \in \mathrm{Inv}^r(G/H) \Rightarrow \delta\alpha \in \mathrm{Inv}^{r-1}(G/H)$. D'après le lemme : $\delta S^*\alpha = (-1)^r\delta\alpha = S^*(\delta\alpha) = (-1)^{r-1}\delta\alpha$, d'où $\delta\alpha = 0$.
On montre de même que $d\alpha = 0$, car $d \circ S^* = S^* \circ d$ et $\alpha \in \mathrm{Inv}^r(G/H) \Rightarrow$ $d\alpha \in \mathrm{Inv}^{r+1}(G/H)$ (ceci est vrai dès que G, S agissent par difféomorphisme).
Ainsi $\alpha \in \mathrm{Inv}^r(G/H) \Rightarrow d\alpha = \delta\alpha = 0$, soit $\alpha \in \mathcal{H}^r(G/H)$.

Exemples d'espaces symétriques

5.2.3. Tores réels plats :

On prend $\mathbb{R}^n$ muni de sa structure euclidienne canonique et on en fait le quotient par un sous groupe discret de rang maximum. Un tel espace est riemannien symétrique, on a donc (5.2.2) $\mathrm{Inv}^r(X) = \mathcal{H}^r(X)$ ainsi les formes harmoniques sont celles à coefficients constants et $b_r(X) = \binom{n}{r}$.

5.2.4. Les $\mathbb{P}^n(\mathbb{C})$, les grassmanniennes complexes $U(p+q)/U(p) \times U(q)$ et les grassmanniennes réelles $SO(p+q)/SO(p) \times SO(q)$.

Dans ces trois cas, on utilise le lemme : $\forall\ m \in X$, $\forall\ \theta$, $\exists\ \gamma \in G$, tel que $\hat{\gamma}(m) = m$ et $T_m(\hat{\gamma}) = e^{i\theta} = \cos\theta + \sin\theta\, J$.

La structure complexe étant le quotient de celle de G, G respecte le type des formes. On peut donc décomposer $\mathrm{Inv}^r(X) = \bigoplus_{p+q=r} \mathrm{Inv}^{p,q}(X)$, et l'on va montrer dans les cas qui nous intéressent que $\mathrm{Inv}^{p,q}(X) = 0$ si $p \neq q$.

Soit $\alpha \in \mathrm{Inv}^{p,q}(X)$. $\hat{\gamma}^*\alpha = \alpha$, i.e. $\forall\ V_i$ de type 1-0, $\alpha(V_1,\dots,V_p,\overline{V}_{p+1},\dots,\overline{V}_{p+q}) = \alpha(e^{i\theta}V_1,\dots,e^{i\theta}\overline{V}_{p+q}) = e^{i\theta(p-q)}\alpha(V_1,\dots,\overline{V}_{p+q})$, d'où $b_{p,q}(X) = 0$ pour $p \neq q$, en particulier $b_{2r+1}(X) = 0$.

Remarque :

Puisque les formes invariantes se décomposent suivant le type, nous avons dans ce cas une décomposition de $\mathcal{H}^r(X)$ suivant les composantes de type p-q, $\mathcal{H}^{p,q}(X)$, et nous avons posé $b_{p,q} = \dim \mathcal{H}^{p,q}(X)$, en notant que $b_r = \sum_{p+q=r} b_{p,q}$. Nous verrons que ceci est plus généralement vérifié sur une variété kählérienne (voir 6.2.8).

5.2.5. Cohomologie de $\mathbb{P}^n(\mathbb{C})$ (Cf.3.2.2.)

Nous avons déjà que $b_{2p+1} = 0$, $b_{p,q} = 0$ si $p \neq q$, et que $b_{2p} = b_{p,p} \geq 1$ car $\omega^p \in \mathrm{Inv}^{p,p}(X)$, ω étant la forme de kähler canonique que nous avons choisie invariante par $U(n+1)$ $(P^n(\mathbb{C}) = U(n+1)/U(n) \times U(1))$.

Montrons que les ω^p sont les seules formes invariantes par $U(n+1)$.
Soit $\alpha \in \mathrm{Inv}^{p,p}(\mathbb{P}^n(\mathbb{C}))$, β la forme $\pi^*\alpha$ sur $\mathbb{C}^{n+1} - \{0\}$.

$$\beta = \sum_{\substack{j_1<\dots<j_p \\ k_1<\dots<k_p}} \beta_{j_1\dots k_p}\, dz^{j_1} \wedge\dots\wedge dz^{j_p} \wedge \overline{dz}^{k_1} \wedge\dots\wedge \overline{dz}^{k_p}$$

i) $\forall\ \theta_o,\dots,\theta_n$, $\exists\ s \in U(n+1)$ tel que $s(dz^o) = e^{i\theta_o} dz^o,\dots, s(dz^n) = e^{i\theta_n} dz^n$, ce qui prouve que $j_i = k_i$.

ii) Les $\beta_{\gamma_1\dots k_p}$ sont tous égaux, puisque il existe s :
$s(dz^{j_1},\dots,dz^{j_p}) = (dz^{h_1},\dots,dz^{h_p})$.

iii) la forme β s'écrit donc $f.\pi^*(\omega^p)$. $\alpha = f\omega^p$ et comme $\forall m,m' \in \mathbb{P}^n(\mathbb{C})$, $\exists\ s \in U(n+1)$ tel que $\hat{s}^*(m) = m'$, f est une constante.

Proposition :

$b_{p,q}(\mathbb{P}^n(\mathbb{C})) = 0$ si $p \neq q$, $b_{p,p}(\mathbb{P}^n(C)) = 1$.

Il suffit d'appliquer 5.2.2., car $P^n(\mathbb{C})$ est un espace riemannien symétrique.

§ 3. OPERATEURS DIFFERENTIELS DANS LES FIBRES VECTORIELS

(Voir le chapitre VII pour les définitions relatives aux fibrés).
Soient E,F deux $\mathcal{C}^\infty$ fibrés vectoriels complexes sur X.

5.3.1. Définition :

Un opérateur P de $\Gamma(E)$ dans $\Gamma(F)$, (sections $\mathcal{C}^\infty$), est dit opérateur différentiel d'ordre r si localement, P s'écrit $P(s) = \sum_{|\alpha|\leq r} A_\alpha D^\alpha(s)$,

avec $D^\alpha = (-i)^{|\alpha|} \dfrac{\partial}{(\partial x^1)^{\alpha_1}\dots(\partial x^n)^{\alpha_n}}$, $\alpha_1,\dots,\alpha_n$ entiers positifs,

$|\alpha| = \alpha_1 +\dots+ \alpha_n$, et A_α section locale du fibré Hom(E,F). (On vérifie que c'est une notion intrinsèque).

On a rajouté un facteur constant $(-i)^{|\alpha|}$ pour raisons de commodité.

5.3.2. On peut composer des opérateurs différentiels et l'on note par $\mathrm{Diff}_r(E,F)$ l'espace vectoriel des opérateurs différentiels d'ordre r. $Q \circ P \in \mathrm{Diff}_{p+q}(E,G)$ si $P \in \mathrm{Diff}_p(E,F)$, $Q \in \mathrm{Diff}_q(F,G)$. $\mathrm{Diff}_o(E,F)$ est l'espace Hom(E,F).

5.3.3. Symbole d'un opérateur différentiel.

Soit f une $\mathcal{C}^\infty$ section du fibré trivial $\mathbb{C}$ sur X. $e^{-i\lambda f}P(e^{i\lambda f}s) =$

$\lambda^r \sum_{|\alpha|=r} A_\alpha \left(\frac{\partial f}{\partial x^1}\right)^{\alpha_1} \dots \left(\frac{\partial f}{\partial x^n}\right)^{\alpha_n} s + \dots$ les autres termes étant de degré inférieur à r en λ.

Définition :

Le terme ci-dessus est symb $P(df \otimes\dots\otimes df).s$, i.e.
symb $P \in \Gamma(\otimes^r T(X) \otimes \mathrm{Hom}(E,F))$.

5.3.4. Exemples :

0) Si $P \in \mathrm{Diff}_o(E,F)$, symb P = P
1) $D \in \mathrm{Diff}_1(E, T^*(X) \otimes E)$, où D est une connexion comme en 11.11 :
$e^{-i\lambda f}D(e^{i\lambda f}s) = i\lambda df \otimes s + Ds$, d'où symb $D(df) = idf \otimes 1$.
2) (symb d)(ξ) = $i\xi\wedge. = e(\xi)$ pour $\xi \in A^1(X)$
3) (symb d")(ξ) = $ie(\xi")$ avec $\xi" = \frac{1}{2}(\xi + i\xi \circ J)$, e(t) représentant le produit extérieur par t dans l'algèbre A(X) et $\xi"$ étant

la composante de type 0-1.

4) Soient $\underline{d}''$: $A^r(X,E) \to A^{r+1}(X,E)$, E $\mathcal{C}^\omega$ fibré vectoriel.
$(\text{symb } \underline{d}'')(\xi) = ie(\xi'') \otimes 1$ (voir 7.2.2)

5) $\text{Symb}(Q \circ P) = \text{Symb } Q \circ \text{Symb } P$.

§ 4. OPERATEURS DIFFERENTIELS DANS LES FIBRES HERMITIENS

Soient deux $\mathcal{C}^\infty$ fibrés complexes, munis d'une structures hermitienne (on peut toujours le faire sur une variété paracompacte), sur une variété X compacte, et $P \in \text{Diff}_r(E,F)$.

5.4.1. Définition :
$P^* \in \text{Diff}_r(F,E)$ sera dit adjoint formel de P si, $\forall s \in \Gamma(E)$, $\forall t \in \Gamma(F)$, $\langle Ps,t\rangle = \langle s,P^*t\rangle$.

5.4.2. Proposition :
Pour tout $P \in \text{Diff}_r(E,F)$, il existe un adjoint formel et $\text{symb}(P^*) = (\text{symb } P)^*$.
Montrons simplement la dernière partie de la proposition :

$$\langle e^{-i\lambda f}P(e^{i\lambda f}s),t\rangle = \langle s, e^{-i\lambda f} P^*(e^{i\lambda f}t)\rangle,$$

d'où en égalant les termes en λ^r,

$$\langle \text{symb } P(df)s,t\rangle = \langle s, \text{symb } P^*(df)t\rangle.$$

5.4.3. Symbole de Δ :
Nous avons défini un isomorphisme $\# : T^* \to T$ (1.3.4).
$\text{Symb } \delta(\xi) = -i \text{ int}(\xi^\#)$. (Cf. 1.3.7. pour int.). D'après 5.3.4. 5), on a alors

$$\text{symb } \Delta(\xi) = e(\xi) \circ \text{int}(\xi^\#) + \text{int}(\xi^\#) \circ e(\xi)$$

i.e. $\text{symb } \Delta(\xi) = |\xi|^2 \times \text{identité}$.

§ 5. OPERATEURS ELLIPTIQUES

5.5.1. Définition :
$P \in \text{Diff}_r(E,F)$ est dit elliptique en un point m de X si $\forall \xi \neq 0$, $\xi \in T^*_m(X)$, $\text{symb } P(\xi) \in \text{Isom}(E_m,F_m)$. Par exemple, Δ est elliptique.
Si P est elliptique, et si l'on munit E et F d'une structure hermitienne, P^* est elliptique.

5.5.2. **Théorème fondamental** :

Soit X une variété $\mathcal{C}^\infty$ compacte, $P \in \mathrm{Diff}_r(E,F)$ elliptique. Alors

1) dim Ker P et dim coker P sont finies.
   On a d'ailleurs dim ker P* = dim coker P.

2) $\Gamma(E) = P^{-1}(0) \oplus P^*(\Gamma(F))$

   $\Gamma(F) = P^{*-1}(0) \oplus P(\Gamma(E))$

Nous renvoyons à [21] pour la démonstration.

Remarquons que ce théorème généralise celui de Hodge-DeRham, (5.1.4.), Δ étant son propre adjoint formel :

$$A^r(X) = \Delta^{-1}(0) \oplus \Delta(A^r(X)).$$

CHAPITRE VI

COHOMOLOGIE DES VARIETES KAHLERIENNES

§ 1. FORMES EFFECTIVES SUR UN ESPACE VECTORIEL HERMITIEN

6.1.1. Soit E espace vectoriel hermitien, la structure étant donnée par un bicovecteur ω.

ω définit un opérateur L sur l'algèbre extérieure : $L : A^{p,q} \to A^{p+1,q+1}$ par $\alpha \to \omega \wedge \alpha$. On désigne par Λ son adjoint : $\Lambda = - *L*$.

Définition :

Une forme α est dite **effective** (Weil dit primitive) si $\Lambda\alpha = 0$.

6.1.2. **Lemme** :

$(\Lambda L - L\Lambda)\alpha = (n-r)\alpha \quad \forall\ \alpha \in \hat{A}^r$. Dans une base orthonormée de $\mathcal{L}_R(E,\mathbb{C})$, $(\theta_k, \overline{\theta}_k)$, $\omega = i\ \Sigma\ \theta_k \wedge \overline{\theta}_k$.

En désignant par $(z_k, \bar{z}_k)$ la base duale, $\Lambda = -i \text{ int } \bar{z}_k \text{ o int } z_k$

$$\begin{aligned} i\Lambda L\alpha &= \Sigma(\text{int } \bar{z}_k \text{ o int } z_k)\ (\omega \wedge \alpha) \\ &= \Sigma \text{ int } \bar{z}_k((\text{int } z_k.\omega)\wedge\alpha + \omega\wedge\ (\text{int } z_k.\alpha)) \\ &= \Sigma(\text{int } \bar{z}_k \text{ int } z_k\omega)\wedge\alpha - (\text{int } z_k\omega) \wedge (\text{int } \bar{z}_k\ \alpha) \\ &\quad + (\text{int } \bar{z}_k\ \omega) \wedge (\text{int } z_k\alpha) + \omega\wedge\ (\text{int } \bar{z}_k \text{ int } z_k\alpha) \end{aligned}$$

$$= in\ \alpha - i\ \Sigma\ \overline{\theta}_k \wedge(\text{int } \bar{z}_k\alpha) - i\ \Sigma\ \theta_k \wedge(\text{int } z_k\alpha) + i\ \omega \wedge \Lambda\ \alpha\ .$$

D'où le lemme en tenant compte que $\Lambda\omega = n$ et que $\Sigma\ \overline{\theta}_k \wedge(\text{int } \bar{z}_k\alpha) + \Sigma\ \theta_k \wedge(\text{int } z_k\alpha) = r\alpha$.

6.1.3. **Lemme** :

$(\Lambda L^k - L^k\Lambda)\alpha = k(n-k-r+1)L^{k-1}\alpha$ que l'on démontre par récurrence sur k.

6.1.4. **Théorème** :

$\forall\ \alpha \in \hat{A}^r$ avec $r \le n+1$, α s'écrit de manière unique comme $\sum_{t=o}^{[\frac{r}{2}]} L^t\ \alpha_t$ avec α_t effectif et $[\frac{r}{2}]$: partie entière de $\frac{r}{2}$.

Ceci permet de décomposer en somme directe $\hat{A}^r = \Lambda^{-1}(0) \oplus L(\Lambda^{-1}(0)) \oplus L^2(\Lambda^{-1}(0)) \oplus \ldots$

6.1.5. Corollaire :

$\forall\, r \leq n-2$, $L : \hat{A}^r \to \hat{A}^{r+2}$ est injectif.

6.1.6. Démonstration du théorème :

Soit $p \geq q$ et α, $\Lambda\alpha = 0$; alors $(L^p \alpha | L^q \beta) = (\Lambda L^p \alpha, L^{q-1}\beta) = (L^p \Lambda\alpha, L^{q-1}\beta) + p(n-p-r+1)(L^{p-1}\alpha, L^{q-1}\beta)$, donc par récurrence $(L^p\alpha, L^q\beta) = 0$.

On a donc une décomposition orthogonale de $\hat{A}^r$; il nous reste à montrer l'unicité des α_t ou l'injectivité de L : si $\alpha \in \hat{A}^r$ est tel que $\Lambda\alpha = 0 = L^k\alpha$ pour $k \leq [\frac{r}{2}]$, alors $\alpha = 0$. En effet, on utilise le lemme 6.1.3. et $L^{k-1}\alpha = 0$.

6.1.7. Théorème :

Si $\alpha \in \hat{A}^r$, $r \leq n+1$, α s'écrit de manière unique comme $\Sigma\, \omega^k \wedge \alpha_k$ avec $\Lambda\alpha_k = 0$; on a de plus $*\alpha = \pm L^{n-r}C\alpha$, C étant l'automorphisme canonique de E (multiplication par i), pour une r-forme effective.

Ce n'est qu'une reformulation de 6.1.4, à part la formule donnant $*\alpha$. Cette dernière est difficile à démontrer, voir par exemple [23], page 23.

§ 2. COHOMOLOGIE

Soit X une variété kahlérienne compacte. Les différents opérateurs que nous avons définis sur X obéissent à des lois de commutation très particulières qui vont nous permettre d'expliciter la cohomologie de X.

6.2.1. Lemme :

$[\delta', L] = -id''$.

D'après 2.4.7. $[\delta', L]\alpha = -\Sigma\, \mathrm{int}(k)\, D_{\bar{k}}(\omega \wedge \alpha) + \omega \wedge \mathrm{int}(k)\, D_{\bar{k}}\alpha$.

Comme $D\omega = 0$, $[\delta', L]\alpha = -\Sigma(\mathrm{int}(k)\omega) \wedge D_{\bar{k}}\alpha - \omega \wedge \mathrm{int}(k)\, D_{\bar{k}}\alpha + \omega \wedge \mathrm{int}(k)\, D_{\bar{k}}\alpha$

$= -i\, \Sigma\, \bar{d}_z^{\,k} \wedge D_{\bar{k}}\alpha = -id''$.

6.2.2. Formulaire :

On obtient pareillement

$[\delta', L] = -id''$	$\delta' d'' + d''\delta' = 0$
$[\delta'', L] = id'$	$\delta'' d' + d'\delta'' = 0$
$[\Lambda, d'] = -i\delta''$	$\Box = \delta' d' + d'\delta'$
$[\Lambda, d''] = i\delta'$	$\Box = \delta'' d'' + d''\delta''$
	$\Delta = 2\Box$

Δ est un opérateur réel qui respecte les types et commute avec L, Λ, $*$, C, d, d', d".

6.2.3. <u>Corollaires</u> :

i) L'espace vectoriel des formes harmoniques se décompose en somme directe, Δ respectant les types.

$$\hat{\mathcal{H}}^r(X) = \oplus \mathcal{H}^{p,q}(X)$$

ii) Δ commute avec L : $\omega \wedge \alpha$ est harmonique si α l'est

$$\begin{array}{ccc} A^r & \xrightarrow{\ L\ } & A^{r+2} \\ \uparrow & & \uparrow \\ \hat{\mathcal{H}}^r & \xrightarrow{\ L\ } & \hat{\mathcal{H}}^{r+2} \end{array} \qquad r \leq n-2$$

tous les morphismes du diagramme sont injectifs.

iii) $\mathcal{H}^{2r+1}(X,\mathbb{R})$ est muni d'une structure complexe canonique par l'opérateur C.

$h \in \mathcal{H}^{2r+1}(X,\mathbb{R})$ s'écrit $\sum_{a,<b,a+b=2r+1} h_{a,b} + \overline{h_{a,b}}$ avec $h_{a,b} \in \mathcal{H}^{a,b}(X)$.

$Ch = \Sigma\, i^{a-b} h_{a,b} + i^{b-a} \overline{h}_{a,b} = i\, \Sigma\, i^{2r-2b}(h_{a,b} - \overline{h}_{a,b})$.

En particulier b_{2r+1} est toujours <u>pair</u>.

6.2.4. <u>Formes effectives</u>.

<u>Théorème</u> :

Une r-forme harmonique se décompose de façon unique en formes effectives et harmoniques : $\alpha = \alpha_0 + \omega \wedge \alpha_1 + \ldots \quad (r \leq n+1)$

En outre $* \alpha = \pm L^{n-r} C \alpha, \forall \alpha \in A^r$.

C'est une conséquence directe de 6.1.7 et 6.2.3.

6.2.5. <u>Théorème de l'index de Hodge</u>.

Soit X compacte kählérienne de dimension complexe n paire.

Pour $\alpha, \beta \in H^n(X,\mathbb{R})$, $\int_X \alpha \wedge \beta$ est une forme bilinéaire symétrique dont on considère l'index (= nombre de carrés positifs - nombre de carrés négatifs quand on diagonalise la forme). L'index est un invariant topologique de X, et index $X = \Sigma(-1)^q h^{p,q}(X)$ avec $h^{p,q} = \dim_{\mathbb{C}} \mathcal{H}^{p,q}(X) = b_{p,q}$. Nous renvoyons à [23] p. 78 pour la démonstration.

On a, plus généralement, la formule sur une variété $\mathcal{C}^\omega$ compacte :

index $X = \Sigma(-1)^q d_{p,q}(X)$ avec $d_{p,q}(X)$ nombre de Dolbeault (2.4.4) (voir [13], p. 188).

6.2.6. Relation entre forme harmonique - forme holomorphe

Le théorème de Hodge-de Rham, appliqué à (d,Δ) et $(d'',\Box)$, donne pour une forme α les décompositions :

$$\alpha = \overset{\circ}{\alpha} + d\beta + \delta\gamma \qquad \Delta\overset{\circ}{\alpha} = 0$$

$$\alpha = \overset{\circ\circ}{\alpha} + d''\beta' + \delta''\gamma' \qquad \Box\overset{\circ\circ}{\alpha} = 0$$

Comme $\Delta = 2\Box$, $\overset{\circ}{\alpha} = \overset{\circ\circ}{\alpha}$.

Proposition :

Pour $\alpha \in A^{p,o}(X)$ (section globale), il y a équivalence entre les conditions

i) α harmonique pour Δ ou $\Box$

ii) $d\alpha = 0$

iii) $d''\alpha = 0$ i.e. α est holomorphe.

Ce résultat est intéressant, en ceci que $\Omega^p(X)$ ne dépend que de la $\mathcal{C}^{\omega}$ structure de X, alors que a priori $\mathcal{K}^{p,o}(X)$ dépend de la structure kählérienne choisie.

Ceci découle de la proposition générale :

6.2.7. Proposition :

Sur une variété kählérienne compacte, les trois conditions suivantes sont équivalentes, pour une forme globale

i) $\Delta\alpha = 0$

ii) $d\alpha = 0 = \delta\alpha$

iii) $d''\alpha = 0 = \delta''\alpha$

i) $\Leftrightarrow$ ii) sur une variété riemannienne compacte (5.13). On vérifie que les opérateurs de De Rham H et G, qui nous ont donné cette équivalence, commutent avec L, Λ, d'', δ'', d'où i) $\Leftrightarrow$ iii).

6.2.8. Cohomologie.

Etant donné l'identité des formes d''-harmoniques ou harmoniques dans le cas d'une variété kählérienne et le fait que Δ commute avec les types, d'après 5.1.6, on a $H^r(X,\mathbb{C}) = \bigoplus_{p+q=r} {}''H^{p,q}(X)$.

Notons que, dans ce cas, $''H^{p,q}(X)$ peut s'interpréter comme l'ensemble des classes de $H^r(X)$ qui contiennent une forme de type p - q.

$$b_{p,q} = \dim_{\mathbb{C}} P^{-1}_{p,q}(\mathcal{K}(X)) = d_{p,q} = \dim_C {}''H^{p,q}(X)$$

et l'on a l'égalité $b_r = \sum_{p+q=r} b_{p,q}$.

La commutation de Δ avec $*$ et la conjugaison complexe fournissent $b_{n-p,n-q} = b_{p,q} = b_{q,p}$.

§ 3. EXEMPLES

6.3.1. Tores complexes plats.

Soit Γ un réseau de rang maximal dans $\mathbb{C}^n$. $\mathbb{C}^n/\Gamma$, muni de la structure kählérienne quotient est dit tore complexe plat.

Les formes harmoniques sont les formes invariantes par translations (voir 5.2.3.), ce qui donne $b_{p,q} = \binom{n}{p}\binom{n}{q}$. En particulier $\dim \Omega^p(X) = \binom{n}{p}$.

6.3.2. Projectif muni de sa structure canonique

Nous avons vu (5.2.5) que $b_{p,q} = 0$ sauf $b_{p,p} = 1$. $\dim \Omega^p(\mathbb{P}^n) = 0$ pour $p \geq 1$, i.e. il n'y a pas de p-formes holomorphes globales.

On peut voir de même que $\Omega^s\left(\frac{U(p+q)}{U(p) \times U(q)}\right) = 0$ pour $s > 0$.

6.3.3. Surface de Kümmer

En 4.1.3., on a obtenu la surface de Kümmer par éclatement d'un tore complexe de dimension 2 ($\hat{K}$), puis par passage au quotient $X = \hat{K}/\sigma$.

$$\begin{array}{ccc} \hat{K} & \xrightarrow{\pi} & X \\ {\scriptstyle p}\downarrow & & \\ \mathbb{C}^2/\Gamma & & \end{array}$$

$b_{2,o}(\mathbb{C}^2/\Gamma) = 1$; prenons un générateur ω de $b_{2,o}$. $p^*\omega$ est holomorphe et invariante par σ. $\pi_* p^* \omega$ est une 2-forme holomorphe sur X et $b_{2,o}(X) \neq 0$.

Notons d'ailleurs plus généralement que si $\varphi \in \mathcal{C}^\omega(X,Y)$ et φ n'est pas constante, alors $b_{p,o}(Y) \neq 0 \Rightarrow b_{p,o}(X) \neq 0$ (d'après 6.2.6).

Le calcul complet des $b_{p,q}(X)$ se fait par d'autres méthodes : on trouve $b_1 = b_3 = 0$ et $b_{2,o} = b_{o,2} = 1$, $b_{1,1} = 20$.

6.3.4. Surface de Riemann kählérienne compacte.

Comme on a $b_o(X) = b_2(X) = 1$, $b_{2,0} = b_{0,2} = 0$ et $b_{1,1} = b_1$.

Une 1-forme fermée réelle s'écrit $\alpha = \beta + \overline{\beta} + df$ avec $\beta \in \Omega^1(X)$.

Notons que le genre topologique $\frac{1}{2}\, b_1(X)$ qui ne dépend pas de la structure complexe est égal à $b_{1,o} = \dim H^o(X,\Omega^1)$.

6.3.5. 2 formes sur les variétés kählériennes compactes

Soit $\dim_{\mathbb{C}} X \geq 2$. D'après 6.2.8, $b_2(X) = 2b_{2,o} + b_{1,1}$; il nous reste à étudier le terme $b_{1,1}$.

L étant un opérateur réel, d'après 6.2.4,

$b_{1,1} = \dim_{\mathbb{R}} \mathcal{H}^{1,1}_{\mathbb{R}}(X) = \dim_{\mathbb{R}} (\Lambda^{-1}(0) \cap A^{1,1}_{\mathbb{R}}(X) \oplus \mathbb{R}\,\omega)$.

<u>Lemme</u> :

$\beta \in \mathcal{H}^{1,1}_{\mathbb{R}}(X)$, $\Lambda\beta = 0 \Leftrightarrow \mathrm{trace}_g\ \beta = 0$. Dans une base orthonormée θ_k où $\beta = i\Sigma\beta_k\ \theta_k \wedge \bar{\theta}_k$, $\Lambda\beta = \Sigma\beta_k = \mathrm{trace}_g \beta$.

<u>Proposition</u> :

$\alpha \in \mathcal{H}^{1,1}_{\mathbb{R}}(X)$ s'écrit $k\omega + \beta$ avec $\mathrm{trace}_g \beta = 0$. On a même une proposition plus forte :

<u>Proposition</u> :

$\alpha \in \mathfrak{Z}^{1,1}_{\mathbb{R}}(X)$, alors, $\alpha = k\omega + \beta + id'id''f$, avec $\mathrm{trace}_g \beta = 0$, β harmonique et f fonction réelle. En particulier si $\alpha \in \underset{o}{\mathfrak{B}}{}^{1,1}_{\mathbb{R}}(X)$, alors $\alpha = id'id''f$.

D'après le théorème de Hodge, $\alpha = \underset{o}{\alpha} + d\gamma$, $\underset{o}{\alpha}$ harmonique et $\gamma \in A^1_{\mathbb{R}}(X)$. $\gamma = u + \bar{u}$ avec $u \in A^{1,0}(X)$; $d\gamma = d''u + d'u$ d'après les types.
Le même théorème de Hodge appliqué à la d'' cohomologie donne $\bar{u} = \overset{o}{\bar{u}} + d''h$ et $\alpha = \overset{o}{\alpha} + d'd''(h - \bar{h})$, d'où le résultat en appliquant la proposition précédente.

§ 4. <u>COHOMOLOGIE ENTIERE</u>

Pour une variété compacte, on sait que les $H^r(X,\mathbb{Z})$ sont de type fini et de rang $b_r = \dim_{\mathbb{R}} H^r(X,\mathbb{R})$ (voir 5.4.1.).
On a une application j (non injective) : $H^r(X,\mathbb{Z}) \to H^r(X,\mathbb{R})$. Son image est un réseau de rang b_r que nous voulons étudier.

6.4.1. <u>Définition</u> :

Une classe de cohomologie est dite <u>entière</u> si elle appartient à l'image de j.

En cohomologie simpliciale, une r-forme α est dite entière si son intégration sur tout r-simplexe est un nombre entier.

6.4.2. <u>Exemples</u> :

i) $\forall f \in \mathcal{C}^{\infty}(X,Y)$, le diagramme suivant est commutatif

$$\begin{array}{ccc} H^*(X,Z) & \longleftarrow & H^*(Y,Z) \\ {\scriptstyle j}\big\downarrow & & \big\downarrow{\scriptstyle j} \\ H^*(X,R) & \xleftarrow{\ f^*\ } & H^*(Y,R) \end{array}$$

en d'autres termes, c est entière sur $Y \Rightarrow f^*c$ entière sur X.

ii) Sur le projectif $\mathbb{P}^n(\mathbb{C})$, on a déjà une 2-forme $\omega_o = id'd''\mathrm{Log}\|\ \|^2$; $\int_{\mathbb{P}^1} \omega_o = \pi$ donc ω_o/π est entière puisque $\mathbb{P}^1$ est une base de l'homologie de $\mathbb{P}^n$ (car $b_2(P^n) = 1$).

iii) Soit X sous-variété algébrique de $\mathbb{P}^n$: alors d'après i), $\frac{\omega_o}{\pi}|X$ est entière.

Ceci permet de donner des exemples de C^ω variétés compactes kählériennes qui ne sont pas algébriques ; par exemple :

iv) Tores complexes : (cf. 6.3.1.).

Proposition :

Si $\mathbb{C}^n/\Gamma$ est algébrique (i.e. C^ω isomorphe à une variété algébrique), alors il existe une structure kählérienne ω entière, invariante par translations (i.e. le tore est plat) : d'après iii) on a une forme de kähler entière; on en prend la moyenne par rapport aux translations.

Réciproquement, donnons un exemple ([7], p.51) de tore non algébrique : sur $\mathbb{R}^4/\mathbb{Z}^4$, on prend la structure complexe définie par l'involution

$$J = \begin{vmatrix} 0 & -1 & -2\pi & 2 \\ 1 & 0 & 2\pi & 2 \\ 0 & 0 & 0 & -1/\pi \\ 0 & 0 & \pi & 0 \end{vmatrix}$$

Les 2-formes invariantes par translation correspondent aux matrices antisymétriques ; si le tore était algébrique, il existerait une matrice Ω telle que ${}^tJ\Omega$ soit une matrice symétrique correspondant à une forme quadratique définie positive entière (à coefficients entiers) : $\omega(X,Y) = g(JX,Y)$. Nous laissons au lecteur le soin de vérifier la non existence.

6.4.3. Remarque :

Un tore algébrique est appelé variété abélienne. Pour n = 1, tout tore est algébrique.

6.4.4. Variété de Hodge :

Une variété compacte C^ω est dite variété de Hodge s'il existe une structure kählérienne entière. Le théorème de Kodaira (Ch.X) caractérise les variétés de Hodge : ce sont exactement les variétés algébriques projectives.

6.4.5. Exemples :

i) si $b_2(X) = 1$, X variété kählérienne est une variété de Hodge (on n'a à calculer qu'une seule période).

ii) si l'on fait éclater une variété de Hodge, $\tilde{X}$ est de Hodge.

On peut supposer dim X ≥ 2 (sinon $\tilde{X}_a = X$). Une base de l'homologie de $\tilde{X}$ est donnée par une base (S_i) de celle de X - a et par la fibre $p^{-1}(a)$. D'après 4.3.1., on a une forme de kähler sur $\tilde{X}$, $\phi + p^*\varphi$, φ étant une forme de kähler sur X. $\int_{S_i} \phi = 0 = \int_{p^{-1}(a)} p^*\varphi$, $\int_{S_i} p^*\varphi \in \mathbb{Z}$; il ne reste plus qu'à normaliser ϕ pour que $\int_{p^{-1}(a)} \phi \in \mathbb{Z}$.

§ 5. VARIETES DE PICARD, JACOBI

6.5.1. Soit X une variété kählérienne compacte.

On a vu que les $H^{2r+1}(X,\mathbb{R})$ sont munis d'une structure complexe canonique, grâce à l opérateur C(6.2.3 iii)). $\mathcal{P}_r(X) = H^{2r+1}(X,\mathbb{R})/_{j(H^{2r+1}(X,Z))}$ est donc un tore complexe de dimension $\frac{1}{2}\, b_{2r+1}$.

6.5.2. Propriétés :

i) La $\mathcal{C}^\omega$ structure de $\mathcal{P}_r$ ne dépend que de celle de X.

ii) Si X est une variété de Hodge, alors $\mathcal{P}_r(X)$ l'est aussi pour tout r (i.e. $\mathcal{P}_r(X)$ est une variété abélienne) (voir [23], p. 81-82).

iii) On a une dualité entre $\mathcal{P}_r$ et $\mathcal{P}_{n-r-1}$ fournie par la dualité entre H^{2r+1} et $H^{2n-2r-1}$ (voir [7], p. 50).

6.5.3. Variété de Picard :

$\mathcal{P}_1(X)$ muni de la structure de tore complexe définie plus haut est la variété de Picard de X, de dimension g = genre de X.

6.5.4. Variété d'Albanese de X = $\mathcal{P}_{n-1}(X)$.

6.5.5. Variété de Jacobi d'une surface de Riemann.

Soit $\dim_{\mathbb{C}} X = 1$. On prend une base de $j(H^1(X,\mathbb{Z}))$, $(\alpha_1,\ldots,\alpha_{2g})$, et on définit l'application de Jacobi f de X dans $\mathbb{R}^{2n}/Z^{2n}$ par

$m \to (\int_{m_o}^{m} \alpha_1,\ldots,\int_{m_o}^{m} \alpha_{2g})$. Pour une structure complexe convenable de $\mathbb{R}^{2n}$, $f \in \mathcal{C}^\omega$. f est un plongement pour $g \geq 1$, et son image est dite variété de Jacobi. Nous renvoyons à [11] p.248 pour les développements.

CHAPITRE VII

ESPACES FIBRES VECTORIELS

§ 1. DEFINITIONS

Localement un <u>fibré vectoriel</u> E sur X est le produit d'un espace vectoriel de dimension finie par un ouvert de X, i.e. il existe un recouvrement ouvert de X, (U_i), et des isomorphismes $\phi_i : E|U_i \simeq k^n \times U_i$, avec des compatibilités évidentes. Le corps de base k est $\mathbb{R}$ ou $\mathbb{C}$.

E sera dit $\mathcal{C}^\infty$, $\mathcal{C}^\omega$ suivant que X et les $\phi_i\phi_j^{-1}$ seront $\mathcal{C}^\infty$, $\mathcal{C}^\omega$.

On définit les fibrés suivants : $E \otimes E'$, $E \oplus E'$, $\mathrm{Hom}(E,E')$.

Nous avons déjà rencontré les fibrés tangents et cotangents de X, $T(X)$, $T^*(X)$.

On peut définir aussi le <u>fibré normal</u> à une sous variété Y de codimension n, par la suite exacte $0 \to T(Y) \to i^*T(X) \to N \to 0$, i étant l'injection $Y \hookrightarrow X$.
Dans un ouvert où Y est défini par $x_1 = \ldots = x_n = 0$, N admet pour base $\frac{\partial}{\partial x_1},\ldots,\frac{\partial}{\partial x_n}$. En choisissant une structure riemannienne sur X, N est $\mathcal{C}^\infty$-isomorphe au fibré orthogonal dans $i^*T(X)$ à $T(Y)$. Dans le cas où Y est de codimension 1, N est $\mathcal{C}^\omega$ isomorphe à $\lceil Y \rceil_Y$ (8.1.2) : les fonctions de transition de N sont $f_{ij} = \frac{\partial/\partial f_i}{\partial/\partial f_i} = \frac{f_i}{f_j} = f_{ij}(\lceil Y \rceil)$.

Etant donné un morphisme f de X dans Y, et un fibré E sur Y, on définit le <u>fibré image réciproque</u> f^*E sur X.

§ 2. FORMES DIFFERENTIELLES A VALEURS DANS UN FIBRE VECTORIEL

7 2.1. $A^r(X,E)$ est le faisceau des formes différentielles à valeurs dans E, i.e. le faisceau des germes de sections de $\Lambda^r T^*(X) \otimes_X E$, ($T^*$ désignant le $\mathbb{R}$ ou $\mathbb{C}$ dual de $T(X)$).

Par exemple $A^r(X) = A^r(X,R)$, R désignant le fibré trivial $X \times \mathbb{R}$, et $\hat{A}^r(X) = A^r(X,\mathbb{C})$.

Malheureusement, nous n'avons plus d'opérateur de dérivation sur E : si l'on pose $d(\varphi \otimes e) = d\varphi \otimes e$, alors $d(f\varphi \otimes \frac{e}{f}) = d\varphi \otimes e + (df \wedge \varphi) \otimes \frac{e}{f} \neq d(\varphi \otimes e)$

quand $df \wedge \varphi \neq 0$.

7.2.2. Opérateur d" :

Par contre, sur un $\mathcal{C}^{\omega}$ fibré, on peut définir $\underline{d}'' : A^{p,q}(X,E) \to A^{p,q+1}(X,E)$. Une trivialisation de E sur un ouvert étant choisie, une section s de $A^{p,q}(X,E)$ s'écrit $\varphi \in (A^{p,q}(X))^n$, avec $n = \dim E$. On pose alors $\underline{d}''s = d''\varphi$. Si l'on change de trivialisation, s s'écrit $H\varphi$ avec H matrice holomorphe, d'où l'on vérifie que $\underline{d}''$ est bien intrinsèque.

Nous ne pouvons définir de produit intérieur Λ sur $A^{p,q}(X,E)$; nous le ferons par contre pour $E = \mathrm{Hom}(F,F)$ en 11.1.2.

Si nous notons par E', le fibré $\mathrm{Hom}(E, \mathbb{C})$, on définit un produit $\wedge$ bilinéaire de $A^{p,q}(X,E) \times A^{p',q'}(X,E')$ dans $A^{p+p',q+q'}(X)$ par $(\varphi \otimes e) \wedge (\varphi' \otimes f) = f(e)\varphi \wedge \varphi'$, et l'on a $d''(\alpha \wedge \beta) = \underline{d}''\, \alpha \wedge \beta + (-1)^{p+q}\alpha \wedge \underline{d}''\beta$, ainsi que $\alpha \wedge \beta = (-1)^{(p+q)(p'+q')}\beta \wedge \alpha$.

7.2.3. d"-cohomologie :

Comme en 2.4.4, nous avons une résolution fine $0 \to \underline{\Omega}^p(X,E) \to \underline{A}^{p,o}(X,E) \to \dots \xrightarrow{d''} \underline{A}^{p,n}(X,E) \to 0$ qui donne le théorème de Serre-Dolbeault :

$$H^q(X,\Omega^p(X,E)) \approx \mathfrak{D}^{p,q}(X,E) = \frac{\mathfrak{Z}^{p,q}_{d''}(X,E)}{d''\, A^{p,q-1}(X,E)} .$$

$H^q(X,\Omega^p(X,E))$ est par définition le groupe de $\underline{d}''$-cohomologie "$H^{p,q}(X,E)$.

§ 3. $\mathcal{C}^{\omega}$ FIBRE HERMITIEN SUR UNE VARIETE COMPLEXE

7.3.1. Définition :

Une structure hermitienne sur un fibré complexe E est un champ $\mathcal{C}^{\infty}$ de structures hermitiennes sur les fibres de E.

Par exemple, pour un fibré en droites, la structure sera déterminée par la fonction réelle $h(s(x), s(x))$ sur l'ouvert où la section s du fibré ne s'annule pas. Si l'on choisit des trivialisations locales du fibré, la structure est donnée par les h_U, avec la compatibilité $h_U(s_V, s_U) = |f_{UV}|^{-2}\, h_V(s_V, s_V)$

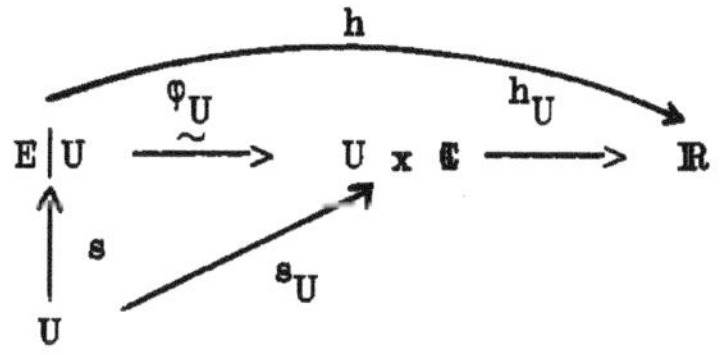

7.3.2. <u>Dualité</u>.

Soit E' le $\mathbb{C}$-dual de E. On a les 2 isomorphismes dits "<u>musicaux</u>" de fibrés au-dessus de X : $E \xrightarrow{\flat} E' \xrightarrow{\#} E$.

Nous avons défini $\underline{d}''$ en 7.2.2. ; pour étendre aux fibrés les calculs que nous avions faits au chapitre II sur le fibré constant, il nous reste à définir un produit scalaire sur $A^p(X,E)$.

On pose, pour $\alpha, \beta \in A^{p,q}(X,E)$, $\langle\alpha,\beta\rangle = \int_X \alpha \wedge \natural\, \beta$, où $\natural$ est égal à

$\bar{*} \otimes \flat : A^{p,q}(X,E) \to A^{n-p,n-q}(X,E')$. On supposera, pour que l'intégration soit définie, que X est compacte. L'inverse de $\natural$ est noté $\not{d} = (-1)^{p+q}\, \bar{*} \otimes \#$.

Nous pouvons alors appliquer la théorie de Hodge-De Rham : $\underline{\delta}'' = \delta'' \otimes 1 = -\not{d}\,\underline{d}''\natural$ de $A^{p,q}(X,E)$ dans $A^{p,q-1}(X,E)$ est l'adjoint formel de $\underline{d}''$.
L'opérateur $\underline{\square} = \underline{d}''\,\underline{\delta}'' + \underline{\delta}''\underline{d}'' = (\underline{\delta}'' + \underline{d}'')^2$ est elliptique, son symbole étant : symb $(\underline{\square})(\xi) = |\xi''|^2 \otimes$ id. $\underline{\square}$ respecte les types.

7.3.3. <u>Corollaires</u> :

i) $\dim_{\mathbb{C}} \mathfrak{T}^{p,q}(X,E) = \dim_{\mathbb{C}}\, {}''H^{p,q}(X,E)$ est finie (et notée $d_{p,q}(E)$), d'après les propriétés des opérateurs elliptiques.

ii) formes $\underline{d}''$ harmoniques. α est dite <u>$\underline{d}''$-harmonique</u> si $\underline{\square}\,\alpha = 0$. Toute forme de $A^{p,q}(X,E)$ s'écrit de manière unique $\alpha = \mathring{\alpha} + \underline{d}''\beta + \underline{\delta}''\gamma$ avec $\mathring{\alpha}$ harmonique. $\underline{\square}\alpha = 0$ ssi $\underline{d}''\alpha = 0 = \underline{\delta}''\beta$.

iii) de la décomposition précédente, on tire que dans chaque classe de ${}''H^{p,q}(X,E)$, il y a une forme $\underline{d}''$ harmonique et une seule, et si l'on note par $\mathcal{H}''^{p,q}(X,E)$ l'ensemble des $\underline{d}''$-formes harmoniques de type p,q, $\mathcal{H}''^{p,q}(X,E) \approx {}''H^{p,q}(X,E)$.

7.3.4. <u>Attention</u> !

Δ ne respecte pas les types sur une variété complexe non kählérienne, et l'on n'a pas $\hat{\mathcal{H}}^r(X) = \bigoplus_{p+q=r} \mathcal{H}^{p,q}(X)$ ou $\oplus\, \mathcal{H}''^{p,q}$, ni de symétrie $d_{p,q} = d_{q,p}$.

7.3.5. <u>Dualités</u>

De la commutation au signe près du diagramme

$$\begin{array}{ccc} A^{p,q}(X,E) & \xrightarrow{\ \underline{\square}\ } & A^{p,q}(X,E) \\ \natural \downarrow \uparrow \not{d} & & \not{d} \uparrow \downarrow \natural \\ A^{n-p,n-q}(X,E') & \xrightarrow{\ \underline{\square}\ } & A^{n-p,n-q}(X,E'), \end{array}$$

on déduit la dualité $\mathcal{H}''^{p,q}(X,E) \approx \mathcal{H}''^{n-p,n-q}(X,E')$ et l'égalité $d_{p,q}(X,E) = d_{n-p,n-q}(X,E')$.

Soit K le fibré en droites $\overset{n}{\wedge} T'(X)$. $H^q(X,\Omega(X,E)) \approx H^{n-q}(X,\Omega^n(X,E'))$ s'écrit <u>sous la forme due à Serre</u> : $H^q(X,\Omega(X,E)) \approx H^{n-q}(X,\Omega(X,K \otimes E'))$.
Dans le cas de fibrés en droite sur une courbe, ceci se traduit par $H^1(X,\Omega(X,E)) \approx H^o(X,\Omega(X,K-E))$.

7.3.5. <u>Caractéristiques d'Euler Poincaré.</u>

La p-ième caractéristique du fibré E est $\chi^p(X,E) = \sum_q (-1)^q d_{p,q}(X)$.
En particulier, le <u>genre arithmétique</u> de X est $\chi^o(X,\mathbb{C}) = \sum_q (-1)^q d_{o,q}(X)$.
La dualité de Serre implique $\chi^p(X,E) = (-1)^n \chi^{n-p}(X,E')$ et $\chi^o(X,E) = (-1)^n \chi(X, K \otimes E')$.

<u>Proposition</u> :

La caractéristique d'Euler-Poincaré de X est égale à $\sum_o^n (-1)^p \chi^p(X,\mathbb{C}) = \sum_{p,q} (-1)^{p+q} d_{p,q}$.

Par définition, la caractéristique de X est $\Sigma (-1)^r \dim H^r(X,\mathbb{C})$. On utilise alors la suite exacte de faisceaux $0 \to \mathbb{C} \to \Omega^o \overset{d}{\to} \Omega^1 \ldots \to \Omega^n \to 0$.

CHAPITRE VIII

C^{ω} FIBRES EN DROITES

Dans ce chapitre nous allons considérer les C^{ω} fibrés en droites complexes sur une variété complexe et attacher à tout tel fibré une classe de cohomologie (dite classe de Chern du fibré). Nous généraliserons (plus tard dans le Chapitre XII) cette méthode aux cas de fibrés vectoriels sur des variété C^{∞}.

§ 1. GENERALITES

8.1.1. Fonctions de transition.

Soit E fibré en droite complexe sur X : on s'est donné des isomorphismes $\varphi_U : p^{-1}(U) \approx U \times \mathbb{C}$ pour un recouvrement par des ouverts de la base ; sur $U \cap V$, l'isomorphisme de fibrés triviaux $\varphi_U \varphi_V^{-1} : (U \cap V) \times \mathbb{C} \approx (U \cap V) \times \mathbb{C}$ s'écrit (x,y) sur $V \to (x, f_{UV}(x)y)$ sur U.

f_{UV} est une fonction holomorphe au-dessus de $U \cap V$ dite fonction de transition du fibré. Le système des (f_{UV}) détermine le fibré à un isomorphisme près.

8.1.2. Fibré associé à une sous-variété de codimension 1.

Soit $Y \hookrightarrow X$. On a un recouvrement ouvert de X tel que Y est donné dans U par l'équation $f_U = 0$. Le fibré associé à Y, noté $\boxed{Y}$ est défini par les fonctions de transition $f_{UV} = f_U f_V^{-1}$. On a donc une section canonique de ce fibré qui s'écrit f_U au-dessus de U.

En géométrie algébrique, Y étant le diviseur D, les sections de $\boxed{Y}$ seront le faisceau $\underline{0}_X(D)$, $\underline{0}_X$ étant le faisceau structural sur X (i.e. $\underline{0}_X = \underline{\Omega}^0$ = germes de fonctions holomorphes).

Si Y est donnée par une équation globale, le fibré $\boxed{Y}$ est trivial ; on remarque donc que le fibré ne détermine pas la variété Y.

Le fibré standard S de $\mathbb{P}^n$ est le fibré associé à un hyperplan : soit $\mathbb{P}^{n-1} \to \mathbb{P}^n$ donné par l'équation homogène $z_n = 0$. Localement $\mathbb{P}^{n-1}$ s'écrit $z_n/z_i = 0$, les fonctions de transition de $\boxed{\mathbb{P}^{n-1}}$ sont $\dfrac{z_n/z_i}{z_n/z_j} = \dfrac{z_j}{z_i}$. On voit donc que le fibré ne dépend pas du choix de l'hyperplan. L'ensemble $H^0(\mathbb{P}^n, \Omega(S))$ de ses sections est de dimension $n+1$, admettant une base que l'on peut noter $z^0, \dots, z^n$:

i.e. dans l'ouvert $U_i = \{z_i \neq 0\}$, ces sections s'écrivent $z_o/z_i,\dots,z_n/z_i$. En géométrie algébrique, le faisceau des germes de sections holomorphes de S est noté $\underline{O}_{\mathbb{P}^n}(1)$.

8.1.3. Exemple de fibrés :

- fibré canonique $K = \Lambda^n T'(X)$

- multiplication des fibrés :

Si E est donné par le système de fonctions de transitions (f_{UV}), E' par (g_{UV}), $E\otimes E'$ est un fibré en droites qui a pour fonctions de transition $(f_{UV}g_{UV})$.

- groupe de fibrés en droites :

Les classes d'isomorphismes de fibrés en droites forment un groupe abélien pour la multiplication $\otimes$, le fibré trivial $\mathbb{C} \times X$ étant l'élément neutre. On note ce groupe F(X). Dans la suite on notera la multiplication $\otimes$ soit multiplicativement soit additivement.

8.1.4. Proposition :

Sur $\mathbb{P}^n(\mathbb{C})$, $K = S^{-(n+1)}$ (K correspond au faisceau $\underline{O}_{\mathbb{P}^n}(-n-1)$). Une carte dans l'ouvert $z_i \neq 0$ est donnée par $(z_o/z_i,\dots,\hat{z}_i,\dots,z_n/z_i)$. Les fonctions de transition de K sont les jacobiens de changements de coordonnées :

$$f_{10} = \begin{vmatrix} -z_1^2 z_o^{-2} & \cdots\cdots & -z_1 z_n z_o^{-1} \\ & \ddots\ -z_1 z_o^{-1} \ddots & 0 \\ 0 & & -z_1 z_o^{-1} \end{vmatrix} = -\left(\frac{z_1}{z_o}\right)^{n+1}$$

alors que pour le fibré standard $f_{01} = \dfrac{z_1}{z_o}$.

8.1.5. Eclatements :

Soit X une $\mathcal{C}^\omega$ variété, $\hat{X}$ la variété obtenue par éclatement du point a ; on pose (voir 4.1.2.) $P = \pi^{-1}(a)$. Les éclatés seront maintenant notés $\hat{X}$ au lieu de $\tilde{X}$ comme précédemment.

Proposition :

$K(\hat{X}) = \widehat{K(X)} + (n-1)\,[P]$ (où l'on a posé $\widehat{K(X)} = \pi^*(K(X))$, voir 7.1).

En dehors d'un voisinage de a, les deux fibrés sont isomorphes ; on peut donc se placer dans un voisinage de coordonnées U de a, $(z_1,\dots,z_n)$. $p^{-1}(U)$ est recouvert par les ouverts V_i de coordonnées $(z_1/z_i,\dots,z_i,\dots,z_n/z_i)$ (voir 4.2.2). $K(\hat{X})$ a pour fonctions de transition le jacobien de $(z_1/z_i,\dots z_i,\dots) \to (z_1/z_j,\dots, z_j,\dots)$.

$$f_{12} = \begin{vmatrix} 0 & \frac{z_2}{z_1} & 0 \; \cdots\cdots & & \\ -(\frac{z_1}{z_2})^2 . z_1 . & \cdots\cdots\cdots & \cdots & - (\frac{z_1}{z_2})^2 & \frac{z_n}{z_1} \\ 0 & & \ddots & 0 & \\ & & & \ddots & \frac{z_1}{z_2} \end{vmatrix} = (\frac{z_1}{z_2})^{n-1}$$

et $\boxed{P}$ a pour fonctions de transition $f_{12} = \frac{z_1}{z_2}$.

§ 2. SUITE DE COHOMOLOGIE FONDAMENTALE

8.2.1. On a une suite exacte de faisceaux : $0 \to \underline{\mathbb{Z}} \to \underline{\Omega}(X) \to \underline{\Omega}^*(X) \to 0$ où le second morphisme est $f \to e^{2\pi i f}$, $\underline{\Omega}^*$ étant le faisceau des germes de fonctions holomorphes qui ne s'annulent pas. On en déduit donc une suite de cohomologie $\ldots \to H^1(X,\underline{\mathbb{Z}}) \overset{j}{\to} H^1(X,\underline{\Omega}) \to H^1(X,\underline{\Omega}^*) \overset{\delta^*}{\to} H^2(X,\underline{\mathbb{Z}}) \to \ldots$

8.2.2. Remarquons que $H^1(X,\underline{\Omega}^*)$ n'est autre que le groupe des classes de $\mathcal{C}^{\omega}$-fibrés en droite $F(X)$: les fonctions de transition f_{UV} d'un fibré vérifient la condition de cocyclicité $f_{UV}\, f_{VW} = f_{UW}$ et deux fibrés sont isomorphes s'il existe des sections locales g_U telles que $f'_{UV} = g_U f_{UV} g_V^{-1}$, c'est-à-dire si les cocycles (f_{UV}) et (f'_{UV}) sont dans la même classe de cohomologie. De plus l'isomorphisme $F(X) \to H^1(X, \underline{\Omega}^*)$ respecte la loi de groupe abélien.

8.2.3. <u>Classe de Chern d'un fibré en droites</u>

<u>On note par C</u> l'homomorphisme composé : $F(X) \simeq H^1(X,\underline{\Omega}^*) \overset{-\delta^*}{\to} H^2(X,\underline{\mathbb{Z}})$. (Le signe varie suivant les auteurs) et on dit que $C(B)$ est la <u>classe de Chern</u> de B.

8.2.4. <u>Noyau de C</u>

<u>Proposition</u> : $C(B) = 0$ ssi B est $\mathcal{C}^{\infty}$-trivial, (ce qui est équivalent au fait qu'il existe une section $\mathcal{C}^{\infty}$ de B partout non nulle).

On utilise les deux suites :

$$\begin{array}{ccccccccc} 0 & \to & \underline{\mathbb{Z}} & \to & \underline{\mathcal{C}}^{\infty} & \to & \underline{\mathcal{C}}^{\infty *} & \to & 0 \\ & & \wr\wr & & \uparrow & & \uparrow & & \\ 0 & \to & \underline{\mathbb{Z}} & \to & \underline{\Omega} & \to & \underline{\Omega}^* & \to & 0 \end{array}$$

$\underline{\mathcal{C}}^{\infty}$ étant le faisceau des germes de fonction $\mathcal{C}^{\infty}$; il est fin ([10], p.157-158), donc les $H^i(X,\underline{\mathcal{C}}^{\infty}) = 0$ pour $i > 0$. La commutation du diagramme

$$\begin{array}{ccccccc} 0 & \to & H^1(X,\underline{\mathcal{C}}^{\infty}*) & \to & H^2(X,\mathbb{Z}) & \to & 0 \\ \uparrow & & \uparrow & & \uparrow\wr & & \\ H^1(X,\underline{\Omega}) & \to & H^1(X,\underline{\Omega}^*) & \to & H^2(X,\mathbb{Z}) & \to & \end{array}$$

donne la proposition.

8.2.5. Cas des variétés kähleriennes compactes.

Ici $H^1(X,\underline{\Omega}) \approx {}''H^{0,1}(X) \approx \mathcal{H}^{0,1}(X)$ est un $\mathbb{C}$ espace vectoriel de dimension $\frac{1}{2}\, b_1$.

Proposition :

$C^{-1}(0)$ est $\mathcal{C}^{\omega}$ isomorphe à $\dfrac{H^1(X,\mathbb{R})}{j(H^1(X,\underline{\mathbb{Z}}))}$ = Pic(X) . On a un isomorphisme de $\mathcal{H}^{0,1}(X) \simeq \mathcal{H}^1(X,\mathbb{R})$ qui respecte la structure complexe définie en 6.2.3 : $\xi \to \xi + \bar{\xi}$, et en sens inverse $\alpha \to P_{0,1}(\alpha)$. Par exemple, si $b_1(X) = 0$, un fibré en droites est trivial ssi $C(B) = 0$ ($\mathcal{C}^{\omega}$-trivial, bien sûr !).

§ 3. RESULTAT FONDAMENTAL

On va montrer que pour une $\mathcal{C}^{\omega}$ variété compacte, $\mathrm{Im}(j \circ c) = j(H^2(X,\mathbb{Z})) \cap H^{1,1}(X,\mathbb{R})$ où $H^{1,1}(X,\mathbb{R})$ est l'ensemble des classes de $H^2(X,\mathbb{R})$ qui contiennent une forme de type 1 - 1 et $j : H^2(X,\mathbb{Z}) \to H^2(X,\mathbb{R})$.

8.3.1. Lemme :

Soit a une structure hermitienne sur B ; alors $d'd'' \operatorname{Log}|a(s)|$ ne dépend pas de s où s est une $\mathcal{C}^{\omega}$-section locale de B ne s'annulant pas.

En effet : $d'd'' \operatorname{Log}\left|\dfrac{a(s)}{a(s')}\right| = d'd''\left(\operatorname{Log}\dfrac{s}{s'} + \operatorname{Log}\dfrac{\bar{s}}{\bar{s}'}\right) = 0.$

Rappelons qu'une structure hermitienne sur B défini par des isomorphismes (7.3.1) $\varphi_U : B|U \simeq U \times \mathbb{C}$ est équivalente à la donnée de structures hermitiennes a_U sur les fibrés triviaux $U \times \mathbb{C}$ avec la condition de recollement $a_U = \dfrac{1}{|f_{UV}|^2}\, a_V$. Le lemme précédent nous permet de définir $d'd''\operatorname{Log} a$ (localement par $d'd''\operatorname{Log}(a_U(1))$ par exemple).

Remarque :

$a(\lambda s) = \lambda\bar{\lambda}\, a(s)$, i.e. au lieu de prendre une norme hermitienne, on a pris son carré.

8.3.2. Lemme :

Quelle que soit la structure hermitienne sur B, on a $j(C(B)) = \frac{1}{2\pi i} d'd''\operatorname{Log} a$.

Prenons un recouvrement simple (i.e. par des ouverts simplement connexes aux intersections successives simplement connexes) de X et trivialisant pour B.

Alors B étant représenté par le cocycle (f_{UV}), et C(B) est représenté par $C_{UVW} = -\frac{1}{2\pi i}(\mathrm{Log}\, f_{UV} + \mathrm{Log}\, f_{VW} + \mathrm{Log}\, f_{WU})$, étant donné que $C = -\delta^*$.

D'un autre côté la suite de De Rham 1.2.4. fournit l'isomorphisme $H^o(X,A^2_f) \simeq H^2(X,\mathbb{R})$, A^p étant le faisceau des p-formes différentielles $\mathcal{C}^\infty$, A^p_f le sous-faisceau des formes fermées. Explicitons cet isomorphisme : une 2-forme fermée s'écrit localement $d\beta_U$, avec $\beta_U \in A^1$. Or $\beta_V - \beta_U$, étant une forme fermée sur l'ouvert simplement connexe $U \cap V$, s'écrit $d\beta_{UV}$ et $\sigma_{UVW} = \beta_{UV} + \beta_{VW} + \beta_{WU}$.

En prenant $\beta_U = -\frac{1}{2\pi i}\, d'\,\mathrm{Log}\, a_U$, on a bien un representant de j(c(B)), et la 2-forme fermée est $d\beta_U = -\frac{1}{2\pi i}\, dd'\mathrm{Log}\, a_U = \frac{1}{2\pi i}\, d'd''\mathrm{Log}\, a_U$.

En outre comme $f_{UV}f_{VW}f_{WU} = 1$, le cocycle C_{UVW} est bien entier.

8.3.3. <u>Réciproque</u> :

Soit α une forme fermée sur une $\mathcal{C}^\omega$ variété compacte, telle que la classe de α appartienne à $j(H^2(X,\mathbb{Z})) \cap H^{1,1}(X,\mathbb{R})$. Alors il existe un fibré en droite muni d'une structure hermitienne a tel que $\frac{1}{2\pi i}\, d'd''\mathrm{Log}\, a = \alpha$.

D'après 2.4.5., α s'écrit localement $id'd''f_U$ avec $f_U \in \mathcal{C}^\infty(X,\mathbb{R})$. Comme $d'd''(f_U - f_V) = 0$, sur $U \cap V$, $f_V - f_U = h_{UV} + \overline{h}_{UV}$ avec $h_{UV} \in \mathcal{C}^\omega(X)$. α est représenté par le cocycle $c'_{UVW} = h_{UV} + h_{VW} + h_{WU}$; α étant entière, celui-ci est cohomologue à un cocycle entier c_{UVW}, i.e., il existe des constantes r_{UV} telles que $c_{UVW} = c'_{UVW} + r_{UV} + r_{VW} + r_{WU}$.

On pose alors $f_{UV} = \exp(2\pi(h_{UV} + r_{UV}))$ et $a_U = \exp(-2\pi f_U)$, d'où le résultat en prenant le fibré défini par les fonctions de transitions f_{UV}.

§ 4. APPLICATIONS

8.4.1. Soit X une $\mathcal{C}^\omega$ variété compacte : pour qu'elle soit de Hodge, il faut et il suffit qu'il existe une forme positive dans $H^{1,1}(X,\mathbb{R}) \cap j(H^2(X,\mathbb{Z}))$; d'après ce qui précède, il faut et il suffit qu'il existe un fibré B tel que $j(c(B)) > 0$ (voir 2.3.3).

8.4.2. Soit X compacte kählérienne.

On a montré que $\mathrm{Im}(j \circ c) = j(H^2(X,\mathbb{Z})) \cap H^{1,1}(X,\mathbb{R}) \approx \frac{F(X)}{c^{-1}(0)}$ et que $c^{-1}(0)$ est un tore complexe de dimension complexe $\frac{1}{2}\, b_1(X)$.

Proposition :

Im(j o c) est de rang $\leq b_{1,1}$ (X) et l'égalité entraîne que X est une variété de Hodge.

En effet, Im(j o c) est un réseau dans $H^{1,1}(X,\mathbb{R})$; dans $H^{1,1}$, les formes positives forment un cône convexe ouvert non vide : si le rang du réseau est $b_{1,1}(X)$, il y aura au moins un point du réseau dans ce cône, c'est-à-dire que la variété sera de Hodge.

Remarque 4.3 :

Soit X compacte kählérienne. $b_{2,0}(X) = 0$ implique que X est de Hodge. $j(H^2(X,\mathbb{Z}))$ est de rang b_2 dans $H^2(X,\mathbb{R}) = H^{1,1}(X,\mathbb{R})$, c'est-à-dire Im(j o c) est de rang maximum $b_2 = b_{1,1}$. En particulier, si X est non algébrique, $b_{2,0}(X)$ est non nul d'après le théorème de Kodaira.

§ 5. VANISHING THEOREM

8.5.0. Définition :

Un fibré en droites B est dit positif si $j(c(B)) > 0$ (voir 2.3.3.).

8.5.1. Théorème : (dû à Kodaira-Akizuki-Nakano)

Si X est une variété de Hodge de dimension n et si B est un fibré en droite > 0, alors $H^q(X,\Omega^p(B)) = 0 \quad \forall\ p+q \geq n+1$.

Par dualité, si $j((c(B)) < 0$, $H^q(X,\Omega^p(B)) = 0 \quad \forall\ p+q \leq n-1$.

8.5.2. Corollaire (Kodaira) :

$H^q(X,\Omega^o(B)) = 0$ pour $q \geq 1$ si $B - K > 0$.

En effet, d'après la dualité de Serre,

$$H^q(X,\Omega(B)) = H^{n-q}(X,\Omega^n(-B)) = H^{n-q}(X,\Omega(K-B))$$

d'où si $K - B < 0$, $H^q(X,\Omega(B)) = 0$ pour $n-q \leq n-1$.

8.5.3. Démonstration :

On construit un fibré muni d'une structure hermitienne a tel que $j(c(B)) = -\frac{1}{2\pi i} d'd''\mathrm{Log}\ a = \omega$, forme positive donnée (d'après 8.3.3.)

On définit alors, comme en 2.4.6., les différents opérateurs sur B(voir aussi 6.1.1) :

$\underline{L}$: $\underline{L}\varphi = \omega\wedge\varphi$ pour $\varphi \in A^{p,q}(X,B)$

$\underline{\Lambda} = -*\underline{L}*$

$\underline{\delta}' = -*\underline{d}''*$

On n'a pas d'opérateur $\underline{d}'$ sur B ; on peut cependant définir $\underline{\delta}''$:

$$\underline{\delta}''\varphi = -a\,(*\underline{d}''(\tfrac{1}{a} * \varphi))$$

et l'on a la formule : $\underline{\Lambda}\ \underline{d}'' - \underline{d}''\ \underline{\Lambda} = -i\underline{\delta}'$.

Nous pouvons maintenant employer les mêmes méthodes que pour le fibré trivial : soit φ une d"-forme harmonique (i.e. $\underline{d}''\varphi = 0 = \underline{\delta}''\varphi$) qui $\in A^{p,q}(X,B)$.

$$\|\underline{\delta}'\varphi\|^2 = \langle\underline{\delta}'\varphi,\underline{\delta}'\varphi\rangle = \langle i(\underline{d}''\underline{\Lambda} - \underline{\Lambda}d'')\varphi\gamma\ \underline{\delta}'\varphi\rangle$$

$$= \langle i\underline{d}''\ \underline{\Lambda}\varphi,\underline{\delta}'\varphi\rangle = \langle i\underline{\Lambda}\varphi,\underline{\delta}''\underline{\delta}'\varphi\rangle$$

$$= \langle i\underline{\Lambda}\varphi,\ (\underline{\delta}''\underline{\delta}' + \underline{\delta}'\underline{\delta}'')\varphi\rangle\ .$$

Or d'après l'identité de Bianchi (voir 11.2.2.4)

$$\underline{\delta}''\underline{\delta}' + \underline{\delta}'\underline{\delta}'' = -i\underline{\Lambda}$$

d'où
$$\|\underline{\delta}'\varphi\|^2 = -\|i\underline{\Lambda}\varphi\|^2 = 0.$$

$\underline{\Lambda}\varphi = 0$, $\varphi \in A^{p,q}(X,B)$, $p+q \geq n+1 \Rightarrow \varphi = 0$ (pas de formes effectives $\neq 0$), c'est-à-dire $\mathcal{H}^{p,q}(X,B) = 0$ pour $p+q \geq n+1$.

CHAPITRE IX

SURFACES DE RIEMANN

Définition : Si X est une variété complexe de dimension 1, X est dite surface de Riemann ; d'après 3.2.5, il faut et il suffit que X soit une variété réelle orientée de dimension 2. Une courbe algébrique projective non singulière sur $\mathbb{C}$ est une surface de Riemann. Réciproquement, d'après le théorème de Kodaira (10.3), une surface de Riemann compacte est algébrique.

§. 1 DIVISEUR

9.1.1. Fonctions méromorphes :

On note par Ω le faisceau des germes de fonctions holomorphes, Ω^* celui des fonctions holomorphes ne s'annulant pas. $\mathfrak{M}$ est le faisceau des germes de fonctions méromorphes (localement $s \in \mathfrak{M}$ s'écrit $\frac{f}{g}$ avec $g \in \Omega^*$), $\mathfrak{M}^*$ celui des fonctions méromorphes inversibles (dans $\mathfrak{M}$), (i.e. différentes de la section identiquement nulle, X étant supposé connexe). $\mathfrak{M}^*$ et Ω^* sont des faisceaux de groupes multiplicatifs.

9.1.2. Faisceau des diviseurs :

$\mathfrak{D}$ est le faisceau quotient $\mathfrak{M}^*/\Omega^*$. Un diviseur sur X est une section globale de ce faisceau. On note div. le morphisme $\mathfrak{M}^* \to \mathfrak{D}$.

9.1.3. Diviseur principal :

$D \in H^0(X,\mathfrak{D})$ est dit principal si D est l'image d'une section f de $\mathfrak{M}^*$, i.e. $D = \mathrm{div}(f)$.

9.1.4. Remarque :

D'après notre définition, un diviseur est localement principal, i.e. en tout point on a un voisinage ouvert U tel que $D|U = \mathrm{div}(f_U)$ pour $f_U \in H^0(U,\mathfrak{M}^*)$.

9.1.5. Autre présentation :

Dans tout compact, une fonction méromorphe n'admet qu'un nombre fini de zéros et de pôles ; une fonction méromorphe sans zéros ni pôles est inversible ; on en déduit qu'un diviseur s'écrit $\Sigma n_i P_i$, avec $\{P_i\}$ ensemble discret de points qui sera dit support de D et noté supp D. Un diviseur est dit <u>positif</u> (ou <u>effectif</u>) si les n_i sont ≥ 0.

Avec cette notation $\mathfrak{D}$ est un faisceau de groupes additifs. <u>Le problème de Cousin</u> consiste à chercher les fonctions méromorphes qui ont un diviseur donné $\Sigma\, n_i P_i$, i.e. des zéros de multiplicité n_i si $n_i > 0$, des pôles si $n_i < 0$.

9.1.6. <u>Lemme</u> :

Le faisceau $\mathfrak{D}$ est fin (cf. [10], p. 156 pour la définition).

On a donc $H^i(X,\mathfrak{D}) = 0$ $\forall i \geq 1$; en particulier $0 \to H^o(X,\Omega^*) \to H^o(X,\mathfrak{M}^*) \xrightarrow{\text{div}} H^o(X,\mathfrak{D}) \xrightarrow{\delta^*} H^1(X,\Omega^*) \to H^1(X,\mathfrak{M}^*) \to 0$.

9.1.7. <u>Définition</u> :

$D(X) = H^o(X,\mathfrak{D})/\text{Im div}$ est le groupe des classes de diviseurs.

Deux diviseurs sont dits linéairement équivalents : $D \sim D'$ si $D - D' = 0$ dans $D(X)$. On a l'injection $D(X) \to F(X) \approx H^1(X,\Omega^*)$.

9.1.8. <u>Définition</u> :

$\{f_U\}$ est un ensemble de <u>fonctions de place</u> de D s'il existe un recouvrement de X par des ouverts U, des sections f_U de $\Gamma(U,\mathfrak{M}^*)$ telles que $D|U = \text{div } f_U$, et que les ouverts U isolent les P_i = Supp D.

§ 2. DIVISEURS ET FIBRES PRINCIPAUX

En 8.1.2., nous avons associé à une sous variété de codimension 1, Y, un fibré en droites $\lceil Y \rceil$, c'est-à-dire à un point nous savons associer un fibré. Plus généralement, $\lceil D \rceil = \prod_i \lceil P_i \rceil^{n_i}$.

9.2.1. <u>Lemme</u> : $\delta^*(D) = - \lceil D \rceil$

$\delta^*(D)$ est représenté par le cocycle $C_{UV} = f_V/f_U$ et $\lceil D \rceil$ par $f_{UV} = f_U/f_V$.

9.2.2. <u>Sections méromorphes d'un fibré</u> :

On a défini le faisceau des germes de sections holomorphes de B, $\Omega(B)$. On pose alors $\mathfrak{M}(B) = \Omega(B) \otimes_\Omega \mathfrak{M}$. En utilisant des ouverts trivialisant pour B, une section méromorphe s est une collection de fonctions méromorphes s_U avec $s_U = f_{UV}\, s_V$. f_{UV} étant une fonction holomorphe ne s'annulant pas sur $U \cap V$, le diviseur de s est défini par $\text{div}(s_U)$, pour une section méromorphe inversible.

9.2.3. Si $f \in \Gamma(X,\mathfrak{M}^*(B))$, $B = \lceil \text{div } f \rceil$ (dans $F(X)$).

On peut prendre les sections f_U pour définir la trivialisation locale du fibré B.

Corollaire :

Si f et g sont deux sections de $\mathfrak{M}^*(B)$, alors div f est linéairement équivalent à div g. Remarquons que $\mathfrak{M}(B) \otimes_{\mathfrak{M}} \mathfrak{M}(B')) = \mathfrak{M}(B \otimes B')$; en particulier si f, $g \in \Gamma(X,\mathfrak{M}^*(B))$, f/g est une section méromorphe du fibré trivial.

§ 3. CAS DES VARIETES NON COMPACTES

D'après [12], p. 270, X variété complexe non compacte de dimension 2 est alors une variété de Stein ; nous n'utiliserons que le fait que $H^1(X,\Omega) = H^2(X,\Omega) = 0$ qui en résulte alors. De même $H^2(X,\mathbf{Z}) = 0$, la variété étant non compacte. Des deux suites $0 \to \mathbf{Z} \to \Omega \to \Omega^* \to 0$ et $0 \to \Omega^* \to \mathfrak{M}^* \to \mathfrak{D} \to 0$, on tire $H^1(X,\Omega^*) = H^1(X,\mathfrak{M}^*) = 0$.

Théorème :

Si X est non compacte, $\Gamma(X,\mathfrak{M}^*) \to \Gamma(X,\mathfrak{D})$ est surjective, (c'est-à-dire que le problème de Cousin admet toujours une solution).

§ 4. THEOREME DE RIEMANN-ROCH

9.4.1. Supposons maintenant que X est compacte connexe orientée. On a donc $H^2(X,\mathbf{Z}) \approx \mathbf{Z}$ et l'homomorphisme $j : H^2(X,\mathbf{Z}) \to H^2(X,\mathbf{R})$ est injectif. X étant une variété kählérienne d'après la dimension, on a même $H^2(X,\mathbf{Z}) = H^{1,1}(X,Z)$. D'après 8.3.2., Im c $= H^{1,1}(X,\mathbf{Z}) \approx \mathbf{Z}$. La classe de Chern d'un fibré, modulo cet isomorphisme, est donc un nombre entier. Si $B = [D]$, C(B) est dit degré de D.

9.4.2. Théorème :

Si $f \in \Gamma(X,\mathfrak{M}^*(B))$ et si div f $= \Sigma n_i P_i$, alors $C(B) = \Sigma n_i$.

Démonstration :

On prend un recouvrement trivialisant U_α qui isole les P_i = supp(div f) et on va construire explicitement une structure hermitienne a sur B. Soient des ouverts V_k, à bord ∂V_k rectifiable, $P_k \subset V_k \subset \overline{V}_k \subset U_k$. Sur $U = X - \cup(\overline{V}_k)$, le fibré B est trivial puisque la section f n'a ni zéros ni poles.

On prend comme a, $a(f_U) = \dfrac{1}{|f_U|^2}$ sur U, $a(f_k) = \dfrac{1}{|f_k|^2}$ sur $U_k - V_k$ et des fonctions de raccordement $\mathcal{C}^\infty$ sur V_k. On a bien sur $U \cap U_k$, $a(f_U) = |\dfrac{f_k}{f_U}|^2\, a(f_k)$. On peut noter (abusivement) $a = \dfrac{1}{|f|^2}$ sur $X - \cup V_k$.

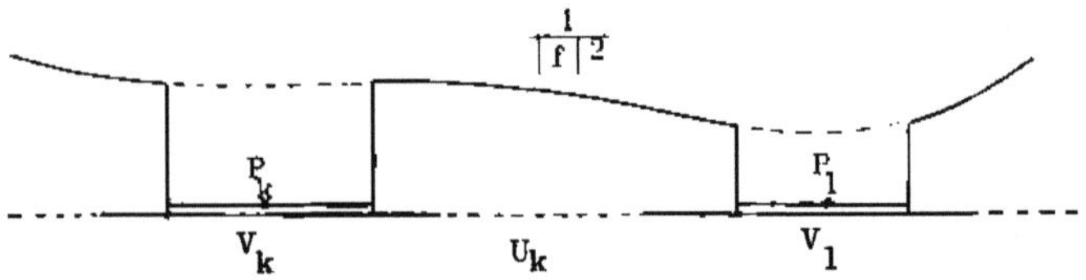

Le théorème résulte alors du théorème de Cauchy :

$$C(B) = \frac{1}{2\pi i}\int_X d'd''\mathrm{Log}\ a = \frac{1}{2\pi i}\int_U d'd''\mathrm{Log}\ |\frac{1}{f_U}|^2$$

$$-\frac{1}{2\pi i}\sum_k \int_{\overline{V}_k} dd'\mathrm{Log}\ a = -\frac{1}{2\pi i}\Sigma\int_{\partial V_k} d'\mathrm{Log}\ a$$

$$= -\frac{1}{2\pi i}\Sigma\int_{\partial V_k} d\ \mathrm{Log}\ \frac{1}{f_k} = \Sigma\, n_k$$

9.4.3. Corollaires :

i) Si B est le fibré trivial, $\Sigma n_i = 0$ pour toute section méromorphe $\neq 0$. Réciproquement, si on a une section telle que $\Sigma n_i = 0$, B est C^∞ trivial d'après 8.2.4.

ii) $C(\lceil D\rceil) = \Sigma n_i$

iii) si $C(B) < 0$, alors $H^o(X,\Omega(B)) = 0$, i.e. on n'a pas de section holomorphe.

On le savait déjà, grâce au Vanishing Theorem (8.5), en remarquant que $B > 0$ signifie que le nombre $C(B)$ est positif.

9.4.4. Théorème de Riemann-Roch :

$\forall B \in F(X)$, $n(B) = \dim H^o(X,\Omega(B)) - \dim H^1(X,\Omega(B)) - C(B)$ ne dépend pas de B et vaut $1-g$. La deuxième partie du théorème est donnée par le fibré constant sur X. Grâce à la dualité de Serre (7.3.5), $H^1(X,\Omega(B)) \approx H^o(X,\Omega^1(B)) \approx H^o(X,\Omega(KB^{-1}))$ et en notant par $\gamma(B)$ la dimension sur $\mathbb{C}$ de $H^o(X,\Omega(B))$, on veut démontrer que $\gamma(B) - \gamma(KB^{-1}) - (B)$ est indépendant de B, ce que nous ferons en nous ramenant au cas où $B = \lceil D\rceil$.

9.4.5. Proposition :

$\forall\ D \in D(X)$, $n(B\lceil D\rceil) = n(B)$.

On peut se limiter au cas où D est un point P. $0 \to \Omega(B\lceil P\rceil^{-1}) \to \Omega(B) \to S \to 0$ et comme le faisceau S est concentré au point P et a pour fibre $\mathbb{C}$, on a $\chi(B) = \chi(B\lceil P\rceil^{-1}) + \chi(S)$, $n(B) = n(B\lceil P\rceil^{-1}) + c(B\lceil P\rceil^{-1}) - c(B) + 1$, d'où le résultat $(c(B\lceil P\rceil^{-1} = c(B) + c(\lceil P\rceil^{-1}) = c(B) - 1)$.

9.4.6. Proposition :

$\forall B \in F(X)$, $\exists D \in D(X)$, $H^0(X,\Omega(B\lceil D\rceil)) \neq \{0\}$.

D'après 9.4.5., $n(B\lceil D\rceil) = -C(\lceil D\rceil - c(B) + \dim H^0(X,\Omega(B\lceil D\rceil))$
$- \dim H^0(X,\Omega(KB^{-1}\lceil D\rceil^{-1}))$ est constant lorsque D varie, or 9.4.3 iii) nous dit que le dernier terme est nul pour deg D assez grand, d'où $\dim H^0(X,\Omega(B\lceil D\rceil)) - \deg D$ doit être constant, ce qui ne peut se concevoir que si $H^0(X,\Omega(B\lceil D\rceil)) \neq \{0\}$ pour deg $D >> 0$.

9.4.7. Démonstration du théorème :

En prenant un diviseur de degré assez grand, $B\lceil D\rceil$ a une section holomorphe f, d'où par 9.2.3. $B\lceil D\rceil = \lceil \operatorname{div} f\rceil$, i.e. $B\lceil D - \operatorname{div} f\rceil$ est trivial, ce qui donne (9.4.5) $n(B) = n(0)$.

9.4.8. Remarque :

Nous avons démontré que tout fibré en droites peut s'écrire $\lceil D\rceil$, i.e. tout fibré admet au moins une section méromorphe qui détermine le diviseur à équivalence linéaire près (voir 10.8.2).

§ 5. EXEMPLES ET APPLICATIONS

9.5.1. B = K fibré cotangent complexe.

Par définition $\gamma(K) = \dim H^0(X,\Omega^1) = \frac{1}{2}b_1 = g$. En appliquant Riemann Roch, on trouve $c(K) = 2g - 2$.

9.5.2. Formule de Gauss Bonnet

Soit X une surface compacte de dimension 2 sur $\mathbb{R}$ et orientable ; (si elle n'était pas orientable, on prendrait son revêtement orientable à deux feuillets). Pour calculer la caractéristique de X (7.3.5), on munit X d'une structure complexe hermitienne.

$\chi(X) = \frac{1}{2\pi i}\int_X c.\sigma$ avec c la courbure et σ la forme volume réelle déterminée par la structure hermitienne. Les deux termes sont en effet égaux à $c(K) = 2 - 2g$, la courbure réelle $c.\sigma$ étant égale à $-id'd''$ Log a (11.5.3).

9.5.3. Surfaces de Riemann de genre 0

Si X est compacte de genre 0, X est $\mathcal{C}^{\omega}$-isomorphe à $\mathbb{P}_1$.

On aura explicitement l'isomorphisme en prenant un fibré B tel que $c(B) = 1$; comme $c(K) = -2$, $\gamma(KB^{-1}) = 0$ et le théorème de Riemann Roch donne $\gamma(B) = 2$. Soit (f,g) une base de $H^0(X,\Omega(B))$ et Φ_B l'application de $X \to \mathbb{P}^1$: $x \to (f(x),g(x))$. Comme $1 = c(B) = \deg \operatorname{div} f = \deg \operatorname{div} g$, f et g ont chacune un zéro simple qui ne peut être le même (sinon f/g section du fibré trivial serait holomorphe sans zéro, donc constante). Φ_B est donc définie et injective, et si $(a,b) \in \mathbb{P}^1$, $bf - ag$, section de B, a un zéro et un seul sur X, d'où l'isomorphisme (analytique).

9.5.4. Surfaces de genre 1

Si $g = 1$, X est C^ω isomorphe à un tore complexe (X est une courbe elliptique).

$\gamma(K) = 1$ et $c(K) = 0$. On a donc une section holomorphe $f \neq 0$ ne s'annulant pas $(\deg(\operatorname{div} f) = c(K))$. Comme $H^0(X,\Omega(K)) \simeq H^1(X,\Omega) \simeq H^{0,1}(X) \simeq H^{1,0}(X)$, on considère f comme une 1-forme qu'on peut prendre entière en multipliant par un scalaire : h, $\bar{h}$ est alors une base de $j(H^1(X,\mathbb{Z}))$ et l'application de Jacobi φ (6.5.5.) $x \to (\int_{x_0}^x h, \int_{x_0}^x \bar{h})$ est un C^ω plongement de X dans $\mathbb{C}/\mathbb{Z}^2$. La dimension entraîne que φ est surjective, donc un C^ω isomorphisme. (On vérifie aisément que φ est un plongement, l'application tangente $(T\varphi)_m$ étant une homothétie sur $\mathbb{C}$ de module $|h(m)| \neq 0$)).

CHAPITRE X

THEOREME DE KODAIRA

Dans ce chapitre toutes les variétés considérées sont analytiques complexes compactes.

§ 1. QUELQUES SUITES EXACTES

Soit Y une sous variété fermée de X de codimension 1.

10.1.1. Notations :

On écrit $\Omega(-\lceil Y \rceil)$ pour le faisceau $\Omega(\lceil Y \rceil^{-1})$. F étant un faisceau sur Y, $\dot{F}$ est le faisceau sur X prolongé par 0 sur X - Y. On a alors $H^*(X,\dot{F}) = H^*(Y,F)$.

10.1.2. $\Omega(-\lceil Y \rceil)$ peut s'interpréter comme le faisceau des fonctions holomorphes nulles sur Y. On a la suite exacte $0 \to \Omega(-\lceil Y \rceil) \to \Omega(X) \to \dot{\Omega}(Y) \to 0$.

10.1.3. Plus généralement, si $B \in F(X)$ et B_Y est le fibré restreint à Y, on appelle $\Omega'^p_Y(B)$ le noyau de $\Omega^p(B) \to \dot{\Omega}^p(B_Y) \to 0$.

Proposition :

On a la suite exacte $0 \to \Omega^p(B-\lceil Y \rceil) \to \Omega'^p_Y(B) \to \dot{\Omega}^{p-1}(B_Y - \lceil Y \rceil_Y) \to 0$.

Démonstration :

Dans une carte trivialisante pour B telle que Y a pour équation $x_1 = 0$, $\alpha \in \Omega^p(B)$ s'écrit $dx_1 \wedge \alpha' + \alpha''$, α'' ne comportant pas dx_1.

$\Omega'^p_Y(B) = \{dx_1 \wedge \alpha' + \alpha'' \mid \alpha'' = 0 \text{ sur } Y\}$. On envoie $g\, dx_1 \wedge dx_{i_2} \wedge \ldots dx_{i_p}$ sur la restriction à Y de $g\, dx_{i_2} \wedge \ldots \wedge dx_{i_p}$. Le noyau est le faisceau des p-formes s'annulant sur Y.

10.1.4. Pour p = 0, on a :

$0 \to \Omega(B-\lceil Y \rceil) \to \Omega(B) \to \dot{\Omega}(B_Y) \to 0$.

§ 2. THEOREME DE LEFSCHETZ

10.2.1. Lemme :

Si $B[Y]^{-1}$ est négatif, en appliquant le vanishing theorem (8.5.1.), $H^q(X,\Omega^p(B)) \simeq H^q(Y,\Omega^p(B_Y))$ pour $p+q \leq n-2$ et on a une injection $H^q(X,\Omega^p(B))$ dans $H^q(Y,\Omega^p(B_Y))$ pour $p+q = n-1$.

10.2.2. Soit X une sous variété algébrique de $\mathbb{P}^N$, et Y une section hyperplane générique (i.e. Y est une sous variété de codimension 1 non singulière, intersection de X et d'un hyperplan).

Théorème de Lefschetz :

$i^* : H^r(X,\mathbb{C}) \to H^r(Y,\mathbb{C})$ est bijective pour $r \leq n-2$, injective pour $r = n-1$.

On prend B = fibré trivial et on applique le lemme 10.2.1 pour $q = 0$, $j(c[Y]^{-1})$ étant < 0 (voir une autre démonstration de ce théorème dans [18],p.39).

10.2.3. Corollaire (Bertini)

Si dimension $X \geq 2$, et X connexe algébrique, une section hyperplane générique est connexe.

§ 3. THEOREME DE KODAIRA

On veut montrer que si X compacte est une variété de Hodge, alors X est algébrique projective. D'après le théorème de Chow (voir 3.2.7.), il suffit de construire un fibré qui donne un plongement dans $\mathbb{P}^N$ (c'est-à-dire le faisceau des sections de ce fibré est très ample), i.e. si $s_0,\ldots,s_N$ est une base de $H^0(X,\Omega(B))$, on doit avoir les trois conditions :

C1) $\forall\, x \in X,\ \exists\, s,\ \ s(x) \neq 0$

C2) $\forall\, (x,y),\ \exists\, s,\ \ s(x) \neq 0,\ \ s(y) = 0$

C3) $\forall\, x \in X,\ \ \forall\, V \in T_x(X),\ \exists\, s,\ s(x) = 0,\ V(s(x)) \neq 0$

Ces conditions expriment respectivement, si l'on appelle f_B le morphisme de X dans $\mathbb{P}^N$ défini par $x \to (s_0(x),\ldots,s_N(x))$, que f_B est définie, injective et de rang maximum, l'analyticité étant automatique.

§ 4. PROPRIETES UTILISEES

Nous allons nous servir des éclatements pour étudier ces conditions. Les propriétés que nous utiliserons sont les suivantes (notations de 8.1.5, le point éclaté est x, et $P = \pi^{-1}(x)$) :

10.4.1) $H^0(\hat{X},\Omega(\hat{B})) = H^0(X,\Omega(B))$

10.4.2) $K(\hat{X}) = \widehat{K(X)} + (n-1)\lceil P \rceil$ (voir 8.1.5, attention à la notation additive).

10.4.3) $\lceil P \rceil_P^{-1}$, fibre conormal à P dans $\hat{X}$ est le fibré standard de P, et donc si ϕ est la forme de Kähler canonique sur P, $j(c(\lceil P \rceil^{-1}))|_P = \phi$ (4.2.3).

10.4.4) Si l'on fait éclater deux points différents, $\pi : \hat{\hat{X}}_{x,y} \to \hat{X}_x$, alors le fibré image réciproque de $\lceil P_x \rceil$ est égal à $\lceil \pi^{-1}(P_x) \rceil$, ce qui donne un sens à la notation $\lceil P_x \rceil$ sur $\hat{\hat{X}}_{x,y}$ (facile).

§ 5. REDUCTION DU PROBLEME

10.5.1. Pour satisfaire à la condition C1), on se sert de la suite 10.1.4 : $0 \to \Omega(\hat{B} - \lceil P \rceil) \to \Omega(\hat{B}) \to \dot{\Omega}(\hat{B}_P) \to 0$ et on utilise la suite de cohomologie associée, en remarquant que $H^0(\hat{X},\dot{\Omega}(\hat{B}_P)) = H^0(P,\Omega(\hat{B}_P)) = \mathbb{C}$, d'où $\to H^0(\hat{X},\Omega(\hat{B})) \to \mathbb{C} \to H^1(\hat{X},\Omega(\hat{B} - \lceil P \rceil)) \to$ le premier morphisme étant $s \to s(x)$, x point le long duquel on fait éclater X.

C1 sera donc impliqué par : C'1 : $\forall x, H^1(\hat{X}_x,\Omega(\hat{B}_x - \lceil P_x \rceil)) = 0$.

10.5.2. De même pour C2, à l'aide de la suite $0 \to \Omega(\hat{\hat{B}} - \lceil P_x \rceil - \lceil P_y \rceil) \to$
$\to \Omega(\hat{\hat{B}} - \lceil P_x \rceil \to \dot{\Omega}(\hat{B}_{P_y} - \lceil P_x \rceil_{P_y}) \to 0$.

On voit que C2 sera impliqué par : C'2 : $\forall$ x,y, $x \neq y$,
$H^1(\hat{\hat{X}}_{x,y},\Omega(\hat{\hat{B}}_{x,y} - \lceil P_x \rceil - \lceil P_y \rceil) = 0$.

10.5.3. Pour C3, on utilise la suite $0 \to \Omega(\hat{B} - 2\lceil P \rceil) \to \Omega(\hat{B} - \lceil P \rceil) \to$
$\to \dot{\Omega}(\hat{B}_P - \lceil P \rceil_P) \to 0$, d'où $H^0(\hat{X},\Omega(\hat{B} - \lceil P \rceil)) \to H^0(P,\Omega(\hat{B}_P - \lceil P \rceil_P))$;
dans une carte où P s'écrit f = 0, le morphisme ci-dessus est donné par $s \to \frac{s}{f}(a)$ qui est bien la dérivée dans la direction sur X correspondant au

point a de P. Donc C'3 : $\forall x$, $H^1(\hat{X}_x, \Omega(\hat{B}_x - 2\lceil P_x \rceil)) = 0$ assurera C3.

On a donc réduit le problème à la recherche d'un fibré vérifiant C'1, C'2, C'3 sachant qu'il existe B, fibré en droite, tel que $j(c(B)) > 0$. La difficulté consiste maintenant à se ramener au cas d'application du Vanishing Theorem.

§ 6. LEMME PREPARATOIRE

10.6.1. D'après 8.5.2, $H^1(X, \Omega(B)) = 0$ si $BK^{-1} > 0$. Il faut maintenant conserver la positivité de $j(c(B))$ sur la variété éclatée.

10.6.2. Lemme :

$\exists\ \alpha \in A^{1,1}_{\mathbb{R}}(X)$ tel que, si A est un fibré en droites $> \alpha$, alors pour tout x, $\hat{A}_x \lceil P_x \rceil^{-1} > 0$

a) On fixe d'abord x. On a : $j(c(\hat{A} - \lceil P \rceil)) = \pi^* j(c(A)) + j(c\lceil P \rceil^{-1})$

Comme $j(c\lceil P \rceil^{-1}))|_P = \phi$ est la forme de kähler canonique sur P d'après 10.4.3, $j(c(\lceil P \rceil^{-1})$ est > 0 sur P, et même dans un voisinage $P \times U_2$. Soit U_1 voisinage de x, $\bar{U}_1 \subset U_2$. On prend une fonction plateau $\mathcal{C}^\infty$ f, f = 1 sur U_1, = 0 à l'extérieur de U_2.

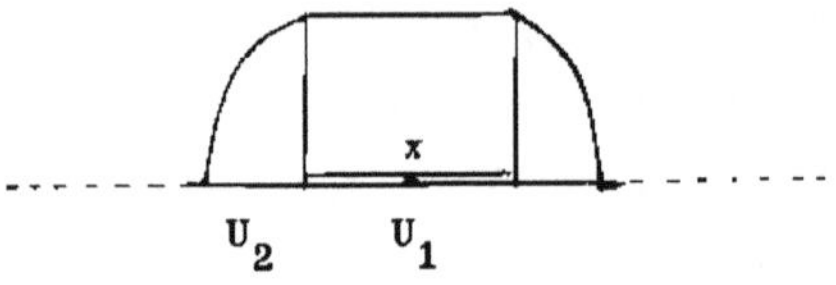

On pose alors $\alpha_x = -\dfrac{id'd''}{2\pi}(f\ \|.\|^2 \operatorname{Log}\|.\|^2)$ à l'extérieur de U_1

≥ 0 sur U_1

avec la norme $\|.\|$. On va montrer que α_x répond à la question <u>en x</u>.

Posons $\beta_x = i\dfrac{d'd''}{2\pi}(f\|.\|^2 \log\|.\|^2)$. D'après 10.4.3 : la forme de kähler canonique ϕ de P appartient à la classe $j(c(\lceil P \rceil^{-1}))_P$. On a donc (d'après 4.3.1. et par construction de β_x) : $p^*(\beta_x)|_P \in j(c(\lceil P \rceil^{-1}))|_P$. <u>En fait je dis que</u>

$\theta = p^*(\beta_x) \in j(c(\lceil P \rceil^{-1}))$. La raison essentielle est que supp $\theta = \pi^{-1}(U_2) = \Sigma$ se rétracte sur P (puisque U_2 se rétracte sur <x>). Le seul ennui éventuel est que $p^*(\beta_x)$ n'est pas à support compact tandis que ϕ l'est. Mais on peut lire $p^*(\beta_x)$ comme un élément de $H^2(\Sigma, \partial\Sigma)$, où $\partial\Sigma$ est la frontière de Σ. La suite exacte de cohomologie $H^1(\partial\Sigma) \to H^2(\Sigma, \partial\Sigma) \to H^2(\Sigma) \to H^2(\partial\Sigma)$ entraîne l'isomorphisme à démontrer entre $H^2(\Sigma)$ et $H^2(\Sigma,\partial\Sigma)$. En effet $\partial\Sigma$ est homéomorphe à ∂U_2, elle-même homéomorphe à la sphère S^{2n-1}. Comme $n \geq 2$, $H^1(S^{2n-1}) = H^2(S^{2n-1}) = 0$. On a bien maintenant : $A > \alpha_x$ entraîne $j(c(\hat{A} - \boxed{P})) > 0$.

En effet, d'après ce qui précède, une classe $\delta \in j(c(\hat{A} - \boxed{P}))$ est $\delta = \pi^*(\gamma) + \pi^*(\beta_x)$, où $\gamma \in j(c(A))$. Prenons $\gamma > \alpha_x$. Alors, sur $\pi^{-1}(U_1)$ d'abord, on a vu que $\pi^*(\beta_x) > 0$ et par construction $\alpha_x \geq 0$ donc

$\delta = \pi^*(\beta_x) + \pi^*(\gamma) \geq \pi^*(\beta_x) + \pi^*(\alpha_x) \geq \pi^*(\beta_x) > 0$.

On a à l'extérieur de U_1 : $\gamma + \beta_x > \alpha_x + \beta_x = -\beta_x + \beta_x = 0$. Mais sur $\hat{X} - P \to X - \langle x \rangle$, π^* respecte la positivité stricte. Donc sur π^{-1} (extérieur de U_1) on a $\delta = \pi^*(\beta_x) + \pi^*(\gamma) > 0$.

b) X étant compacte, on trouve classiquement $\alpha \geq \alpha_x$ $\forall\, x \in X$.

§ 7. DEMONSTRATION DU THEOREME DE KODAIRA

10.7.1. Rappelons les hypothèses : X est compacte et possède une forme fermée ω de type 1 - 1 entière et positive. On a vu en 8.3.3. que l'image de l'homomorphisme $f \circ c$ est égale à $H^{1,1}(X,\mathbb{R}) \cap j(H^2(X,\mathbb{Z}))$. On a donc un fibré L tel que $j(c(L)) = \omega > 0$. En particulier, pour k assez grand, $j(c(L^k)) > 2\alpha$.

10.7.2. Pour simplifier les notations, posons $B = K(L^k)^{n+1} = KA^{n+1}$

- C'1 est entraîné par la positivité de $\hat{B} - \boxed{P} - K(\hat{X}) = \hat{B} - \hat{K} - n\boxed{P} = (n+1)\,\hat{A} - n\boxed{P}$ qui résulte du lemme 10.6.2.

- pour C'2, on a besoin de la positivité de $\hat{\hat{B}} - \boxed{P_x} - \boxed{P_y} - K(\hat{\hat{X}}) = (n+1)\,\hat{\hat{A}} - n\boxed{P_x} - n\boxed{P_y}$, c'est-à-dire de la positivité de $\hat{\hat{A}} - \boxed{P_x} - \boxed{P_y}$ assurée par le lemme 10.6.2 et le choix de B.

- C'3 est entraîné par la même relation avec $x = y$ et le choix de B.

Le théorème de Kodaira est enfin démontré ; pour une tout autre méthode voir [12] p. 285 et [9].

§ 8. APPLICATIONS DU THEOREME DE KODAIRA

10.8.1. Le théorème de Kodaira peut s'énoncer sous la forme de l'équivalence des conditions suivantes, pour une variété complexe compacte :

i) X est algébrique projective

ii) il existe un fibré positif $(j(c(B)) > 0)$ sur X.

iii) X est une variété de Hodge, i.e. il existe une forme de type 1 - 1 entière et positive.

On a vu en 8.4.1. l'équivalence de ii) et iii). L'homologie étant de dimension finie, on peut énoncer iii) sous la forme :

iii') il existe une forme de type 1 - 1 positive qui appartienne à une classe de cohomologie rationnelle.

10.8.2. (Bertini)

Soit X algébrique compacte, B fibré en droites holomorphe. Alors il existe D, $B = \lceil D \rceil$.

On prend un fibré F tel que F et BF soient très amples (§3) ; on a donc des sections non nulles de F et BF respectivement, s et t ; $\frac{t}{s}$ est une section méromorphe de B et $B = \lceil D \rceil$ avec $D = \mathrm{div}(\frac{t}{s})$. On voit même que $B = \lceil Y \rceil \lceil Z \rceil^{-1}$, Y étant la sous variété div t, Z = div s, en remarquant que $F = \lceil Z \rceil$, $BF = \lceil Y \rceil$ et $B = BF\,F^{-1}$.

10.8.3. X kählérienne compacte telle que $b_{2,0}(X) = 0$; alors X est algébrique projective. Ceci a déjà été démontré en 4.2, 4.3.

10.8.4. Tout revêtement fini d'une variété algébrique est algébrique ($\mathcal{Z}$! on a des variétés compactes).

$p^* \omega$ est en effet entière et positive si ω l'est.

10.8.5. (Borel)

Soit X algébrique, E fibré de fibre F algébrique telle que $b_1(F) = 0$, et de groupe structural connexe. Alors E est algébrique.

Voir [13], p. 141.

10.8.6 Si la courbure de Ricci (11.4.2)ρ est > 0 sur (X,g) kählérienne compacte, alors X est algébrique.

En effet, ρ étant de type 1 - 1 et entière d'après 11.5, on peut la prendre comme struture kählérienne. Ceci s'applique à de nombreux espaces homogènes kählériens, en particulier aux espaces symétriques compacts kählériens.

CHAPITRE XI

CONNEXIONS

§ 1. CONNEXIONS SUR UN $\mathcal{C}^\infty$ FIBRE VECTORIEL

11.1.1. **Définition** :

Etant donné un fibré vectoriel E sur $\mathbb{C}$, ou le complexifié d'un fibré sur $\mathbb{R}$, une connexion sur E est un opérateur $\mathbb{C}$-linéaire : $D : A^0(X,E) \to A^1(X,E)$ tel que $D(f.s) = df \otimes s + f.Ds \quad \forall f \in \mathcal{C}^\infty(X)$, $\forall$ s section de E.

L'ensemble des connexions sur E est noté Connex(E).

11.1.2. **Remarques** :

1) On peut toujours trouver une connexion sur E, en prenant un recouvrement par des ouverts trivialisants pour E et une partition de l'unité (g_i) : sur chaque U_i, on prend une base s_{ij} de sections de E et on définit D_i par $D_i\, s_{ij} = 0$, $\forall$ j ; on pose alors $D = \Sigma\, g_i D_i$.

2) $D - D' \in A^1(X,\mathrm{Hom}(E,E))$, c'est-à-dire $D - D'$ est $\mathcal{C}^\infty(X)$-linéaire.

3) Notation : soient $V \in V(X)$, $s \in \Gamma(X,E)$; on pose
$D_V s = Ds.V \in \Gamma(X,E)$

4) Connexion image réciproque :
$$\begin{array}{ccc} f^*E & \to & E \\ \downarrow & & \downarrow \\ Y & \xrightarrow{f} & X \end{array}$$
elle est définie par la relation $(f^*D)_V(s \circ f) = D_{T(f)V}.s$

5) Somme directe de connexions : $E = \oplus E_k$, où les E_k sont munis de connexions D^k. On munit E de $D = \oplus D^k$ en posant $D_V(\Sigma\, s_k) = \Sigma\, D^k_v\, s_k$.

6) Produit tensoriel : sur $E_1 \otimes E_2$, munis de D^1, D^2, on définit $D = D^1 \otimes D^2$ par $D(s_1 \otimes s_2) = D^1\, s_1 \otimes s_2 + s_1 \otimes D^2 s_2$.

7) Connexion sur le dual : c'est D^* sur E^* définie à partir de D sur E par la relation :

$d \langle s,s^* \rangle = \langle Ds,s^* \rangle + \langle s,D^* s^* \rangle \quad \forall$ s section de E, s^* section de E^* (c'est-à-dire $\forall$ V, $V \langle s,s^* \rangle = \langle D_V\, s,s^* \rangle + \langle s, D^*_V\, s^* \rangle$).

On pourra donc définir une connexion sur l'algèbre engendrée par E, E*.

8) Connexion sur l'algèbre A(X,E) : en prenant d comme connexion sur A(X), et pour une connexion D sur E, on définit la connexion sur l'algèbre graduée A(X,E) :

$$(\Lambda^p T^*) \otimes E \rightarrow (\Lambda^{p+1} T^*) \otimes E$$

$$\theta \otimes s \rightarrow d\theta \otimes s + (-1)^p \theta \wedge Ds \quad .$$

Il est immédiat que D^2 est A(X) - linéaire.

9) Connexion sur A(X,Hom(E,E)) : Il faut d'abord munir A(X,Hom(E,E)) d'une structure d'algèbre graduée : sur un ouvert trivialisant pour E, un élément x de A^p(X,Hom(E,E)) est une matrice dont les éléments appartiennent à A^p(X). Le produit est défini par $(x \wedge y)_{ij} = \Sigma x_{il} \wedge y_{lj}$. Cette définition est bien intrinsèque.

On peut de plus définir un crochet $[x,y] = x \wedge y - (-1)^{\deg x \deg y}\, y \wedge x$.

Nous avons défini D sur E ⊗ E* ; en procédant comme en 8), nous avons une connexion sur A(X,Hom(E,E)). Elle vérifie $(D\alpha)s = D(\alpha(s)) - \alpha(Ds)$, ∀ α section locale de Hom(E,E), ∀ s section locale de E.

Nous en verrons une expression explicite en 11.2.4.

10) Connexion riemannienne : Si E est un fibré riemannien, D est dite riemannienne si d((s(s')) = (Ds,s') + (s,Ds').

Lemme : ceci est équivalent à Dg = 0. g est une section de E*⊗E*; d(g(s,s')) = D(g(s,s')) = (Dg)(s,s') + g(Ds,s') + g(s,Ds').

On définit de même une connexion hermitienne sur un fibré hermitien : ∀ X, $X(s,s') = (D_X s,s') + (s, D_{\bar{X}} s')$.

11) Connexion définie par une structure riemannienne : Rappelons qu'en 1.3.6, on avait défini une dérivation covariante à partir de g, structure riemannienne du fibré tangent.

Définition-proposition :

g définit une connexion unique telle que :

i) Dg = 0
ii) $D_X Y - D_Y X = [X,Y]$

12) Connexion holomorphes : même sur $\mathcal{C}^\omega$-variété et pour des $\mathcal{C}^\omega$-fibrés, nous n'introduirons que des connexions $\mathcal{C}^\infty$. Pour la notion de

$\mathcal{C}^{\omega}$-connexions ($\Leftrightarrow$ la forme θ 11.2.2.4 est holomorphe), et une présentation des connexions à base de suites exactes, voir [1].

§ 2. COURBURE D'UNE CONNEXION

11.2.1. Un calcul classique et direct montre que $D_V D_W s - D_W D_V s - D_{[V,W]} s$ est $A^o(X)$ linéaire en V et W, c'est-à-dire $R(V,W) = D_V D_W - D_W D_V - D_{[V,W]} \in \mathrm{Hom}(E,E)$. $R \in A^2(X,\mathrm{Hom}(E,E))$ est appelé courbure de la connexion D.

11.2.2. Exemples

1) Nous laissons au lecteur le soin de vérifier que $R_{f^*D} = f^*R_D$ dans le cas d'un fibré image réciproque (difficile !).

2) Pour une somme directe de fibrés $R_{D^1 \oplus \ldots \oplus D^n} = R_{D^1} \oplus \ldots \oplus R_{D^n}$

3) Produit extérieur : si E est de dimension e, R' = trace R est la courbure de la connexion induite sur $\overset{e}{\Lambda} E$.

4) Expression locale : soit une base locale s_i de sections de E sur U trivialisant. On pose $Ds_i = \theta_i^{\ j} s_j$ avec $\theta_i^{\ j} \in A^1(U)$. La matrice des $\theta_i^{\ j}$ peut être identifiée à un élément de $A^1(U,\mathrm{Hom}(E,E))$ qu'on note θ.

Si $\Phi \in A^r(U,\mathrm{Hom}(E,E))$, $D\Phi = d\Phi - [\theta,\Phi] = d\Phi - \theta \wedge \Phi + (-1)^r \Phi \wedge \theta$.

Lemme : $R = d\theta - \theta\wedge\theta = D\,\theta + \theta\wedge\theta$.

En effet, $R(V,W)s = D_V(\theta(W)s) - D_W(\theta(V)s) - D_{[V,W]}s = (D_V\theta(W))s + \theta(W)\,D_V s - (D_W\theta(V))s - \theta(V)D_W s - \theta([V,W])s = (d\theta - \theta\wedge\theta)(V,W)s$.

En dérivant, on obtient l'identité de Bianchi $dR = -[R,\theta]$, i.e. $DR = 0$.

Attention : On n'a pas d'opérateur d sur $A(X,\mathrm{Hom}(E,E))$; les expressions faisant intervenir d n'ont de sens qu'une fois qu'on a choisi une trivialisation de E sur un ouvert.

5) Remarque : si l'on note que $D^2 : A^p(X,E) \to A^{p+2}(X,E)$ est $A^o(X)$-linéaire, on peut appeler R la section de $A^2(X,\mathrm{Hom}(E,E))$ définie par D^2 pour $p = 0$.

L'identité de Bianchi est immédiate : d'après 11.1.2.9) $DR = D\circ D^2 - D^2\circ D = 0$.

§ 3. CONNEXIONS SUR UNE VARIETE COMPLEXE

11.3.1. Connexion presque complexe :

Soit X une variété presque complexe, D une connexion sur son fibré tangent.

Définition :

D est presque complexe si DJ = 0

11.3.2. Connexion de type 1-0

Soit E un $\mathcal{C}^{\omega}$-fibré sur une variété complexe.

Définition :

D est de type 1-0 si ∀ s section holomorphe de E, $\forall X \in T^{0,1}$, $D_X s = 0$.

Proposition :

Il existe une connexion unique que l'on pourra dire canonique, sur un $\mathcal{C}^{\omega}$-fibré hermitien, qui soit hermitienne et de type 1-0.

Soit s_i une base locale de $\Gamma^{\omega}(E)$, $X \in T^{1,0}$, $X(s_i,s_j) = (D_X s_i,s_j) + (s_i,D_{\bar{X}} s_j) = (D_X s_i,s_j)$, ce qui donne l'unicité et l'existence.

Proposition :

La courbure de la connexion canonique est de type 1-1 (i.e., $\forall V,W \in T^{1,0}$, $R(V,W) = 0$ et $R(\bar{V},\bar{W}) = 0$).

$(R(V,W)s,s) = (D_V D_W s,s) - (D_W D_V s,s) - (D_{[V,W]}s,s) = VW(s,s) - WV(s,s) - [V,W](s,s) = 0$.

11.3.3. Soit X une variété presque complexe munie d'une structure hermitienne.

Proposition : les conditions suivantes sont équivalentes :

i) la connexion définie par g est presque complexe

ii) la connexion définie par g est la connexion de type 1-0 canonique.

iii) la torsion est nulle et $d\omega = 0$ (avec $\omega(X,Y) = -g(X,JY)$).

La proposition découle du calcul que nous avions fait en 3.1.1., en ne supposant pas la torsion nulle.

D'après 2.2.3, la structure de la variété est alors intégrable et X est kählérienne.

§ 4. FIBRE TANGENT SUR UNE VARIETE RIEMANNIENNE

11.4.1. Nous renvoyons à [16], volume I, p. 141, pour l'explicitation des calculs qui ne présentent pas de difficultés. E est le fibré tangent muni d'une forme bilinéaire symétrique définie positive g_{ij}.

On définit les coefficients $\Gamma^{k}_{\cdot}$ par $D_{\frac{\partial}{\partial x^i}}\left(\frac{\partial}{\partial x^j}\right) = \sum_k \Gamma^{k}_{\cdot ij} \frac{\partial}{\partial x^k}$

(Z! on n'a pas de symétrie $\Gamma^{k}_{\cdot ij} = \Gamma^{k}_{\cdot ji}$ sauf pour la connexion définie par g), et l'on a $R^{i}_{\cdot jkl} = (\partial_k \Gamma^{i}_{\cdot lj} - \partial_l \Gamma^{i}_{\cdot kj}) + \Sigma(\Gamma^{m}_{\cdot lj}\Gamma^{i}_{\cdot km} - \Gamma^{m}_{\cdot kj}\Gamma^{i}_{\cdot lm})$.

R est un tenseur 1 fois contravariant, 3 fois covariant; on préfère utiliser le tenseur 4 fois covariant qui lui est associé : $R_{ijkl} = \Sigma\, g_{im} R^{m}_{\cdot jkl}$, i.e. le tenseur qui correspond à la forme sur $\overset{4}{\otimes} E$: $V \otimes W \otimes X \otimes Y \to g(R(V,W)X,Y)$.

Pour la connexion définie par g (Cf. 1.3.8), on a, en permutant les indices : $R_{ijkl} = - R_{jikl} = - R_{ijlk} = R_{klij}$ et l'identité $R_{ijkl} + R_{iklj} + R_{iljk} = 0$.
Dans le reste du paragraphe, nous ne considérons que la connexion définie par g.

11.4.2. <u>Courbure de Ricci</u>

C'est la trace de l'endomorphisme $V \to - R(V,X)Y$; c'est un tenseur deux fois covariant symétrique $\rho_{ij} = - \sum_k R^{k}_{\cdot ikj}$.

11.4.3. <u>Courbure scalaire</u>

On associe à ρ un tenseur 1 fois covariant 1 fois contravariant, dont on prend la trace qui est appelé <u>courbure scalaire</u> τ, $\tau = \Sigma\, \rho^{i}_{\cdot i} = \sum_{i,j} g^{ij} \rho_{ji}$.

11.4.4. <u>Courbure sectionnelle</u>

Si P est un plan avec pour base orthonormée (X_1,X_2), $- R(X_1,X_2,X_1,X_2)$ est un scalaire qui ne dépend pas de la base choisie et est appelé <u>courbure sectionnelle suivant le plan P</u>.

11.4.5. <u>Variété kählérienne</u>

<u>Convention</u> : les indices $\alpha,\beta,\ldots$ varient de 1 à n, i,j,... de $1,\ldots,n,\bar{1},\ldots,\bar{n}$.

La métrique s'écrit $ds^2 = \Sigma\, g_{\alpha\bar{\beta}}\, dz^{\alpha}\, dz^{\bar{\beta}}$ et la forme $\omega = +i\, \Sigma g_{\alpha\bar{\beta}}\, dz^{\alpha} \wedge dz^{\bar{\beta}}$.

D est la connexion définie par g = $D_i(\partial_j) = \Sigma\, \Gamma^{k}_{\cdot ij}\, \partial_k$ avec $\partial_j = \frac{\partial}{\partial z^j}$ et $D_i = D_{\partial_i}$.

$\Gamma^{k}_{\cdot ij} = 0$ si les trois indices i,j,k n'appartiennent pas tous à $[1,\dots,n]$ ou $[\bar{1},\dots,\bar{n}]$; les coefficients sont symétriques $\Gamma^{k}_{\cdot ij} = \Gamma^{k}_{\cdot ji}$ et $\bar{\Gamma}^{i}_{jk} = \Gamma^{\bar{i}}_{\bar{j}\bar{k}}$.

Les relations 1.3.8 s'écrivent :

$$\sum_{\alpha} g_{\alpha\bar{\beta}}\, \Gamma^{\alpha}_{\cdot\gamma\delta} = \frac{\partial\, g_{\gamma\bar{\beta}}}{\partial\, z^{\delta}} .$$

La courbure de D vérifie $R(V,W) \circ J = J \circ R(V,W)$ et $R(JV,JW) = R(V,W)$ ce qui se traduit sur les composantes par la nullité des $R^{i}_{\cdot jkl}$ autres que $R^{\alpha}_{\beta\gamma\bar{\delta}} = -R^{\alpha}_{\beta\bar{\delta}\gamma}$ et $R^{\bar{\alpha}}_{\bar{\beta}\bar{\gamma}\delta} = -R^{\bar{\alpha}}_{\bar{\beta}\delta\bar{\gamma}}$.

De même pour les R_{ijkl} en tenant compte du fait que $R_{ijkl} = \sum_{\alpha} g_{i\alpha} R^{\alpha}_{\cdot jkl} + \sum_{\alpha} g_{i\bar{\alpha}} R^{\bar{\alpha}}_{\cdot jkl}$; comme $g_{\alpha\beta} = g_{\bar{\alpha}\bar{\beta}} = 0$, les seules composantes non nulles sont

$$R_{\alpha\bar{\beta}\gamma\bar{\delta}} = -R_{\bar{\beta}\alpha\gamma\bar{\delta}} = -R_{\alpha\bar{\beta}\bar{\delta}\gamma} = R_{\gamma\bar{\delta}\alpha\bar{\beta}} = R_{\alpha\bar{\delta}\gamma\bar{\beta}} = \bar{R}_{\beta\bar{\alpha}\delta\bar{\gamma}} .$$

$$R_{\alpha\bar{\beta}\gamma\bar{\delta}} = \frac{\partial^{2} g_{\alpha\bar{\beta}}}{\partial z^{\gamma}\, \partial \bar{z}^{\delta}} - \sum g^{\bar{\varepsilon}\tau} \frac{\partial g_{\alpha\bar{\varepsilon}}}{\partial z^{\gamma}} \frac{\partial g_{\bar{\beta}\tau}}{\partial \bar{z}^{\delta}}$$

La courbure de Ricci est invariante par J ($\rho(JV,JW) = \rho(V,W)$) et $\rho(V,W) = \frac{1}{2}$ trace $(J \circ R(V,JW))$. Les seules composantes non nulles sont $\rho_{\alpha\bar{\beta}} = \bar{\rho}_{\bar{\alpha}\beta}$ et

$$\rho_{\alpha\bar{\beta}} = -\sum_{\gamma} R^{\gamma}_{\alpha\gamma\bar{\beta}} = +\sum_{\gamma} \frac{\partial\Gamma^{\gamma}}{\partial \bar{z}^{\beta}}\alpha\gamma .$$

Dans une base orthonormée : $\rho_{\alpha\bar{\beta}} = -\sum_{\gamma} R_{\bar{\gamma}\alpha\gamma\bar{\beta}}$.

<u>Note importante</u> : il n'y a pas de conventions uniformes en ce qui concerne les signes des différentes courbures, et des facteurs constants peuvent apparaître (en particulier dans le choix de la base complexe qui correspond à une base réelle orthonormée ; nous avons pris $z = \frac{x+iy}{\sqrt{2}}$).

11.4.6. <u>Autre expression</u> :

On a vu en 3.1.3 que localement une structure kählérienne s'écrivait $\omega = id'd''f$, avec $f \in \mathcal{C}^{\infty}(X,\mathbb{R})$.

On a alors :

$$g_{\alpha\bar{\beta}} = \partial^{2}_{\alpha\bar{\beta}} f$$

$$R_{\alpha\bar{\beta}\gamma\bar{\delta}} = \partial^{4}_{\alpha\bar{\beta}\gamma\bar{\delta}} f - \sum_{\varepsilon,\tau} g^{\bar{\varepsilon}\tau}\, \partial^{3}_{\varepsilon\alpha\gamma} f\, \partial^{3}_{\tau\beta\delta} f .$$

11.4.7. <u>Courbure de $\mathbb{P}_n(\mathbb{C})$</u> :

$\omega = id'd'' \operatorname{Log} \sum_{k=0}^{n} \frac{z_k \bar{z}_k}{z_i \bar{z}_i}$ dans l'ouvert $\{z_i \neq 0\}$ pour le système de coordonnées homogènes $(z_0,\ldots,z_n)$. L'action de $U(n+1)$ sur $\mathbb{P}_n$ pour laquelle ω est invariante montre que $R_{i\bar{i}i\bar{i}}$ est une constante ; pour calculer cette constante, on utilise le fait (voir 6.4.2 ii) que, pour la structure riemannienne induite sur $\mathbb{P}^1$, le volume de $\mathbb{P}^1$ vaut π ; donc la courbure en vaut 4. Donc $\forall\alpha\ R_{\alpha\bar{\alpha}\alpha\bar{\alpha}} = 4$. On calcule ensuite $R(Z_1\cos\alpha + Z_2\sin\alpha, \bar{\ }, , \bar{\ }) = 4$ avec $<Z_1,Z_2>$ orthonormé, d'où :

$$R_{\alpha\bar{\alpha}\alpha\bar{\alpha}} = 4$$
$$R_{\alpha\bar{\alpha}\beta\bar{\beta}} = 2$$
$$R_{\alpha\beta\bar{\alpha}\bar{\beta}} = 0$$

et les autres composantes, sauf celles obtenues par permutation en 11.4.5, sont nulles.

Quant à la courbure de Ricci, $\rho_{\alpha\bar{\alpha}} = 4 + 2(n-1) = 2(n+1)$ et $\rho_{\alpha\bar{\beta}} = 0$ pour $\beta \neq \alpha$. On a donc $\rho = 2(n+1)g$ et la courbure scalaire est constante $= 4n(n+1)$.

§ 5. UNE FORMULE MIRIFIQUE

11.5.1. Dans un cas particulier, on va démontrer une formule qui peut servir d'introduction aux classes de Chern.

Soit E un $\mathcal{C}^\omega$ fibré hermitien de dimension e. $\overset{e}{\Lambda}E$ est un fibré en droites complexes sur lequel on a une structure hermitienne a, forme volume complexe de E; D est la connexion canonique (11.3.2).

On a vu en 8.3.2. que $j(c(\overset{e}{\Lambda}E)) \ni \frac{1}{2\pi i}\, d'd''\mathrm{Log}\,a$. On va montrer que cette forme est la trace de $-\frac{R}{2\pi i}$, R étant la courbure de la connexion canonique.

11.5.2. Soient (s_i) une base locale de sections holomorphes, A la matrice des (s_i,s_j) et $a = \det A$.

Pour deux vecteurs tangents de type 1 - 0,

$(d''d'\mathrm{Log}\,a)(V,\overline{W}) \overset{(1)}{=} V(d'\mathrm{Log}\,a.\overline{W}) - \overline{W}(d'\mathrm{Log}\,a.V) - (d'\mathrm{Log}\,a)([V,\overline{W}]) \overset{(2)}{=} -\overline{W}(d'\mathrm{Log}\,a.V)$
$= -\overline{W}(a^{-1}Va) \overset{(3)}{=} -\overline{W}(\mathrm{trace}(A^{-1}.VA)) = -\mathrm{trace}(\overline{W}(A^{-1}).V(A)) - \mathrm{trace}(A^{-1}.\overline{W}(V(A)))$.

(1) pour une 1 forme $d\alpha(X,Y) = X(\alpha Y) - Y(\alpha X) - \alpha([X,Y])$

(2) d'après les types, $[V,\overline{W}] = 0$, $d'\mathrm{Log}\,a.\overline{W} = 0$

(3) $V(\det A) = \det A.\mathrm{trace}(A^{-1}.VA)$

Supposons qu'au point m la base soit orthonormée

$$\overline{W}(A)_{ij} = \langle s_i, D_{\overline{W}}\, s_j \rangle$$

$$V(A)_{ij} = \langle D_V\, s_i, s_j \rangle$$

$$\overline{W}(A^{-1}) = - A^{-1}.\overline{W}(A).A^{-2} = - \overline{W}(A) \quad \text{au point m}$$

$$\overline{W}(V(A))_{ij} = \langle D_V\, s_i, D_{\overline{W}}\, s_j \rangle + \langle D_{\overline{W}}\, D_V\, s_i, s_j \rangle$$

d'où au point m

$$(d''d'\text{Log}a)(V,\overline{W}) = \sum_{i,k} \langle s_i, D_{\overline{W}}\, s_k \rangle \langle D_V\, s_k, s_i \rangle$$

$$- \Sigma \langle D_V\, s_i, D_{\overline{W}}\, s_i \rangle - \Sigma \langle D_{\overline{W}}\, D_V\, s_i, s_i \rangle$$

$$= - \sum_i \langle R(\overline{W},V)s_i, s_i \rangle = + \text{ trace } R(V,\overline{W}).$$

Comme trace R est de type 1 - 1 (11.3.2.), on a l'égalité $d''d'\text{Log}\, a = \text{trace } R$, d'où $- \frac{1}{2\pi i}$ trace R $\in j(c(\overset{e}{\Lambda}E))$.

11.5.3. Corollaire :

Pour un fibré en droites muni d'une structure hermitienne a, $R = - d'd''\text{Log}\, a$.

CHAPITRE XII

CLASSES DE CHERN

§ 1. UTILISATION DE LA COURBURE

12.1.1. Nous avons trouvé, en 11.5.1., un invariant "topologique", pour un $\mathcal{C}^{\omega}$ fibré vectoriel, qui est la classe de $-\frac{1}{2\pi i}$ trace R dans $H^{1,1}(X,\mathbb{R}) \cap j(H^2(X,\mathbb{Z}))$, D étant la connexion canonique.

On cherche à généraliser cette méthode en considérant d'autres invariants que la trace.

12.1.2. Commençons par le cas d'un espace vectoriel.

Soit E $\mathbb{C}$-espace vectoriel de dimension finie e. Pour un endomorphisme f de E, $\det(1+\lambda f) = \Sigma_{k=0}^{e} \lambda^k \varphi_k(f,\dots,f)$; les formes k-multilinéaires symétriques φ_k sur Hom(E,E) sont invariantes par les automorphismes de E :

$\varphi_k(g\, f_1\, g^{-1},\dots,g\, f_k\, g^{-1}) = \varphi_k(f_1,\dots,f_k) \quad \forall\, g \in \mathrm{Aut}(E)$.

Corollaire (en dérivant l'expression ci-dessus) :

$$\forall\, k,\ f_1,\dots,f_k,g,\ \sum_{h=1}^{k} \varphi_k(f_1,\dots,f_{h-1},[f_h,g],\ f_{h+1},\dots) = 0$$

Exemples :

$\varphi_0 = 1$, $\varphi_1 =$ trace f, $\varphi_e =$ det f.

12.1.3. On prolonge maintenant ce calcul au cas où E est un $\mathbb{C}$-fibré vectoriel :

$$\varphi_k : [A^r(X,\mathrm{Hom}(E,E))]^k \to A^{rk}(X),$$

en posant $\varphi_k(f_1 \otimes \alpha_1,\dots,f_k \otimes \alpha_k) = \varphi_k(f_1,\dots,f_k) \otimes (\alpha_1 \wedge\dots\wedge \alpha_k)$

avec $f_1,\dots,f_k$ sections locales de Hom(E,E)
$\alpha_1,\dots,\alpha_k$ sections locales de $A^r(X)$,

et on prolonge φ, le recollement étant possible grâce à l'invariance par les automorphismes de E.

Exemple :

Soit D $\in$ Connex E, R sa courbure.

On pose alors $c'_k(D) = \varphi_k(\frac{-R}{2\pi i},\ldots,\frac{-R}{2\pi i}) \in A^{2k}(X)$.

12.1.4. Parallèlement à 1 - 2, on obtient

$$\sum_{h=1}^{k} (-1)^{(h)} \varphi_k(x_1,\ldots,x_{h-1},[x_k,y], x_{k+1},\ldots) = 0,$$

$\forall\, y, x_1,\ldots,x_k \in A(X,\mathrm{Hom}(E,E))$ et homogènes ; (h) est égal à deg $y(\sum_{l>h} \deg x_l)$

(

et $[f_1 \otimes \alpha_1, f_2 \otimes \alpha_2] = f_1 f_2 + (-1)^{\deg\alpha_1 \deg\alpha_2+1} f_2 f_1$ par définition.

12.1.5. Enfin, dans une base sur un ouvert trivialisant, on a un opérateur d (non canonique !) et

$$d\,\varphi_k(x_1,\ldots,x_k) = \sum_{h=1}^{k} (-1)^{[h]} \varphi_k(x_1,\ldots,x_{h-1},dx_h,x_{h+1},\ldots) \text{ avec } [h] = \sum_{l<h} \deg x_l.$$

§ 2. CLASSES DE CHERN REELLES

On va associer à un $\mathbb{C}$-fibré $\mathcal{C}^\infty$ sur X, variété réelle, des classes de cohomologie $c'_k(E) \in H^{2k}(X,\mathbb{R})$ dites classes de Chern réelles grâce au :

12.2.1. Théorème :

- $\forall\, D \in$ Connex (E), $\forall k$, $dc'_k(D) = 0$
- $\forall\, D,D'$, $\forall\, k$, $\exists\, \alpha$ $c'_k(D) - c'_k(D') = d\alpha$

12.2.2. Remarques :

1) $c'_k(E) = 0$ pour $k > \inf(\frac{1}{2}\dim_{\mathbb{R}} X, e)$

2) Si E est $\mathcal{C}^\omega$, de même que X, on sait que $c'_1(E) \in j(H^2(X,\mathbb{Z}))$; on verra par la suite que les classes de Chern sont entières pour tout fibré et tout k.

3) Les classes de Chern réelles ne dépendent que de la classe d'équivalence au sens $\mathcal{C}^\infty$ du fibré.

4) $c'_1(E) = j(c(\overset{e}{\Lambda} E))$ pour E $\mathcal{C}^\omega$ d'après la formule 11.5.1 et 11.2.2.3).

12.2.3. Démonstration de la 1ère partie du théorème.

On prend un ouvert trivialisant

$$(-2\pi i)^k\, d\, c'_k(D) = \sum \varphi_k(\ldots,R,dR,R,\ldots)$$

$$= k\,\varphi_k(dR,R,\ldots) \overset{(1)}{=} -k\,\varphi_k([R,\theta],R,\ldots) \overset{(2)}{=} 0$$

(1) $dR = [R,\theta]$ 11.2.2.4).

(2) Lemme 12.1.4 avec $x_k = R$, $y = \theta$.

12.2.4. Deuxième partie :

1) Lemme : soit D_t une famille $\mathcal{C}^\infty$ à 1 paramètre de Connex (E)

$\frac{d\,D_t}{dt} \in A^1(X\ ;\ \mathrm{Hom}(E,E))$ d'après 11.1.2. 2).

2) Posons $\dot\theta = \frac{d\,D_t}{dt}$ et montrons que

$$\frac{d}{dt}(\varphi_k(R,\dots,R)) = k(d\varphi_k)(\dot\theta,R,\dots,R).$$

On a $\frac{d}{dt}(\varphi(R,\dots,R)) = k\varphi(\frac{dR}{dt},R,\dots)$; d'après le lemme 11.2.2. 4),

$$\frac{dR}{dt} = d\dot\theta - \dot\theta\wedge\theta - \theta\wedge\dot\theta = d\dot\theta - [\dot\theta,\theta]\ ;$$

$$(d\varphi)(\dot\theta,R,\dots) = \varphi(d\dot\theta,R,\dots) - (k-1)\varphi(\dot\theta,dR,R,\dots)$$ d'après 12.1.5.

Si l'on applique maintenant 12.1.4 avec $x_1 = \dot\theta$, $x_2 = \dots = x_k = R$ et $y = \theta$, on obtient $\varphi([\dot\theta,\theta],R,\dots) + (k-1)\varphi(\dot\theta,[R,\theta],R,\dots) = 0$ et l'égalité annoncée.

3) En posant alors $D_t = (1-t)D + tD'$,

$$c'_k(D') - c'_k(D) = \int_0^1 \frac{d}{dt}\ (c'_k(D_t))dt$$

$$= k(-2\pi i)^k \int_0^1 d\varphi_k\ (\dot\theta,R,\dots)dt$$

$$= k(-2\pi i)^k\ d\int_0^1 \varphi_k\ (\dot\theta,\ R,\dots)dt$$

et la deuxième partie du théorème est démontrée.

§ 3. PROPRIETES DES CLASSES DE CHERN REELLES

12.3.1. On pose $c'(E) = \Sigma\, c'_k(E) \in H^*(X,\mathbb{R})$, H^* étant considérée comme une algèbre graduée anticommutative.

On a alors les propriétés caractéristiques des classes de Chern réelles :

R1 $c'_k(E) \in H^{2k}(X,\mathbb{R})$, $c'_0(E) = 1$

R2 naturalité pour le changement de base

$$\begin{array}{ccc} & & E \\ & & \downarrow \\ Y & \xrightarrow{f} & X \end{array} \qquad c'(f^*(E)) = f^*(c'(E))$$

R3 Sommes de fibrés :

$$c'(E_1 \oplus \dots \oplus E_n) = c'(E_1) \times \dots \times c'(E_n)$$

R4 Normalisation :

pour le fibré standard S au-dessus de $\mathbb{P}^n(c)$, $c'(S) = 1 + j(c(S))$ avec $c(\delta) \in H^2(\mathbb{P}^n(\mathbb{C}),Z)$ définie en 8.2.3.

Nous renvoyons à [13] pour voir que $R_1 \dots R_4$ caractérisent bien les classes de Chern réelles, images par j des classes de Chern entières. Sauf pour c_1 (grâce à 12.2.2. 4) on ne sait pas démontrer directement que les classes c_i' sont images de classes entières.

12.3.2. Pour simplifier les notations, on peut utiliser une "fonction caractéristique" du fibré E : $L(E) = \Sigma\, c_i'(E)\, x^i = \pi(1+\gamma_i x)$, la factorisation étant formelle. Le caractère de Chern de E, $ch(E) = \Sigma\, e^{\gamma_i}$.

On a alors

$$L(E^*) = \pi(1 - \gamma_i x)$$

$$L(E \oplus E') = L(E) \,.\, L(E')$$

$$L(E \otimes E') = \pi_{i,j}\ (1 + (\gamma_i(E) + \gamma_j(E')x)$$

$$L(\overset{p}{\Lambda} E) = \pi_{1 \le i_1 < \ldots < i_p \le e}\ (1 + (\gamma_{i_1} + \ldots\, \gamma_{i_p})x)$$

et

$$ch(E \oplus E') = ch(E) + ch(E')$$

$$ch(E \otimes E') = ch(E) \cdot ch(E')$$

Ces formules se démontrent directement avec la définition des $c_i'(E)$ et des formules telles que celles de 11.2.2.1 et 11.2.2.2.

12.3.3. Corollaires :

1) $c'(\overset{e}{\Lambda} E) = 1 + c_1'(E)$, ce que nous savions déjà pour les $\mathcal{C}^\omega$ fibrés (formule 11.5.1).

2) Si E est stablement trivial, i.e. s'il existe deux fibrés triviaux E_1, E_2 tels que $E \oplus E_1 = E_2$, alors $c'(E) = 1$.

§ 4. EXPLOITATION DE LA CLASSE $c_2'(T(X))$

12.4.1. Soit (X,J,ω) kählérienne compacte de dimension n. D'après ce qui précède $c_2'(T(X))$ est un invariant de (X,J) dans $H^4(X,\mathbb{R})$ (i.e. ne dépend pas de la structure kählérienne choisie mais compatible avec J).

Prenons une base orthonormée en un point, (e_p), et posons $R_p^q(V,W) = (R(V,W)e_p, e_q) \in A^2(X)$; on a alors $c_2'(D) = -\frac{1}{4\pi} \sum_{p<q} (R_p^p \wedge R_q^q - R_p^q \wedge R_q^p)$.

Un calcul sans difficulté montre alors que $c_2'(D) \wedge \omega^{n-2} = \phi\, \omega^n$

avec $\phi = \dfrac{1}{16\pi^2}(\tau^2 - 4|\rho|^2 + |R|^2)$

avec $|\rho|$ = norme de la courbure de Ricci

$|R|$ = norme de la courbure.

Lorsque ω varie dans sa classe de cohomologie, $\int_X c_2'(D) \wedge \omega^{n-2} = \int_X \phi\, \omega^n$ reste constant. (c_2' et ω^{n-2} sont modifiés par un cobord), donc :

Proposition :

$\int_X (\tau^2 - 4|\rho|^2 + |R|^2)v$ est invariant pour un changement $\omega \to \omega + d\alpha$.

12.4.2. Structures kählériennes d'Einstein sur $\mathbb{P}^n$.

On est amené, par un calcul des variations, à considérer les structures riemanniennes telles que $\rho = kg$, dites d'Einstein. On sait peu de choses sur ces structures (voir [2]). Voici un résultat d'unicité utilisant essentiellement c_1' et c_2' pour le fibré $T(X)$.

Proposition :

Soit $(\mathbb{P}^n, J_o, \omega)$ kählérienne d'Einstein : alors $(\mathbb{P}^n, J_o, \omega)$ est isomorphe à $(\mathbb{P}^n, J_o, k.\omega_o)$, $k \in \mathbb{R}_+^*$.

i) On a $\omega = k'\omega_o + d\alpha$ puisque $b_2(\mathbb{P}^n(\mathbb{C})) = 1$ (d'après 5.2.5.) et $d\alpha$ s'écrit $id'd''f$ ($f \in \mathcal{C}^\infty(X,\mathbb{R})$, d'après 6.3.5.), ce qui entraîne en un minimum de f, ω et ω_o étant définies positives, que $k' > 0$. Quitte à normer ω on peut supposer $k' = 1$.

ii) Soit donc $\omega = \omega_o + d\alpha$ et $\rho = kg$. D'après 11.4.7, on a $\rho_o^\flat = 2(n+1)\omega_o$; $\rho^\flat = k(\omega_o + d\alpha)$; comme $\rho^\flat, \rho_o^\flat \in c_1'(\mathbb{P}^n(\mathbb{C}))$, c'est donc nécessairement que $k = 2(n+1)$: $\rho = 2(n+1)g$. En particulier $\tau = \tau_o$.

iii) D'après 12.4.1. $\int \phi\omega^n = \int \phi_o\, \omega_o^n$. Prenons une base orthonormée (pour ω) et désignons par $(R_o)_{s\bar{s}t\bar{t}}$, $(\rho_o)_{s\bar{s}}$, τ_o les quantités obtenues en 11.4.7. Posons $(R)_{s\bar{s}t\bar{t}} = (R_o)_{s\bar{s}t\bar{t}} + \alpha_{st}$, courbure de $(\mathbb{P}^n, J_o, \omega)$.

Comme $\rho = 2(n+1)g$, $\sum_t \alpha_{st} = 0$ $\forall$ s et $|\rho|^2 = 8n(n+1)^2 = |\rho_o|^2$

$$\text{On a alors}\quad \tau^2 - 4|\rho|^2 + |R|^2 \geq \tau_o^2 - 4|\rho_o|^2 + 4\sum_{s\neq t} |R|^2_{s\bar{s}t\bar{t}} + 2\sum_{s=1}^{n} |R|^2_{s\bar{s}s\bar{s}}$$

$$= \frac{n-2}{n}\tau_o^2 + 4\sum_{s\neq t}|\alpha_{st}|^2 + 2\Sigma|\alpha_{ss}|^2 + 4\Sigma|R_o|^2_{s\bar{s}t\bar{t}} + 2\Sigma|R_o|^2_{s\bar{s}s\bar{s}}$$

$$\geq \tau_o^2 - 4|\rho_o|^2 + |R_o|^2.$$

$\int \phi\,\omega^n \geq \int \phi_o\,\omega^n = \int \phi_o\,\omega_o^n$ puisque ϕ_o est une constante et ω, ω_o sont cohomologues. Pour qu'on ait l'égalité, il faut que $\Sigma|\alpha_{st}|^2 = 0 = \Sigma|\alpha_{ss}|^2$ et que les autres R_{stuv} soient nuls, i.e. que $R = R_o$. C'est donc que $(\mathbb{P}^n, J_o, \omega)$ a même tenseur de courbure que $(\mathbb{P}^n, J, \omega_o)$, et est donc "à courbure sectionnelle holomorphe constante positive". Il est classique que ceci entraîne l'isomorphisme annoncé.

12.4.3. Théorème :

Si (X,J,ω) est kählérienne avec $\rho = 0$ et $c_2'(T(X)) = 0$, alors (X,J,ω)

est un quotient fini d'un tore kählérien. En effet $0 = \int \phi\, v = \int |R|^2\, v$, d'où R est nulle. On sait alors que X est un quotient fini d'un tore : voir par exemple [24], p.105.

12.4.5. Caractérisation de $(\mathbb{P}^n, J_o, \omega_o)$ par son spectre

Sur une variété riemannienne compacte, Δ est un opérateur dont le spectre (ensemble des valeurs propres avec leur multiplicité) est discret ; on voudrait savoir dans quelle mesure il caractérise la variété et sa structure riemannienne à isométrie près. On utilise la fonction caractéristique du spectre $\Sigma_o^\infty e^{-\lambda_k t}$, les λ_k étant les valeurs propres. Minakshisundaram-Pleyel ont montré (Cf. [3]) que l'on a un développement asymptotique de cette fonction, quand t tend vers 0, $\frac{1}{(4\pi t)^{n/2}} \sum_{i\geq 0} a_i t^i$ avec $a_i = \int u_i v$, les u_i étant des invariants riemanniens de X, et v la mesure canonique. On peut expliciter les premiers termes :

$$u_o = 1$$
$$u_1 = \frac{\tau}{6}$$
$$u_2 = \frac{1}{360}(5\,\tau^2 - 2|\rho|^2 + 2|R|^2)$$

Théorème :

Si $\mathrm{Spec}(\mathbb{P}^n, J_o, \omega) = \mathrm{Spec}(\mathbb{P}^n, J_o, \omega_o)$, alors $(\mathbb{P}^n, J_o, \omega)$ est isomorphe à $(\mathbb{P}^n, J_o, \omega_o)$.

Comme $b^2(\mathbb{P}^n) = 1$, $\omega = k\omega_o + d\alpha$. Le premier terme donne $\int v = \int v_o$, d'où $k = 1$. D'après 12.4.1, $\int(\tau^2 - 4|\rho|^2 + R^2)v$ est un invariant, et le troisième terme donne $\int(5\,\tau^2 - 2|\rho|^2 + 2|R|^2)v = \int(5\,\tau_o^2 - 2|\rho_o|^2 + 2|R_o|^2)v_o$ On a donc $\int(\tau^2 + 2|\rho|^2)v = |(\tau_o^2 + 2|\rho_o|^2)v_o$. Pour toute variété $|\rho|^2 \geq \tau^2/2n$ et l'égalité est équivalente à ce que la variété soit d'Einstein.

$$|\int \tau v|^2 \leq \int \tau^2 v + \frac{2n}{n+1}\int |\rho|^2 - \frac{\tau^2}{2n})v = \int(\tau_o^2 + 2|\rho_o|^2)v = |\int \tau_o v_o|^2 .$$

Pour qu'on ait l'égalité $\int \tau v = \int \tau_o v_o$, il faut que $(\mathbb{P}^n, J_o, \omega)$ soit d'Einstein, d'où la conclusion d'après 12.4.2.

§ 5. LA CLASSE $(c_1'(T(X))$ ET LA CONJECTURE DE CALABI

12.5.1. Dans l'esprit de $\rho^\flat \in c_1'(T(X))$ pour (X,J,ω) variété kählérienne, faisons varier ω "dans une même classe de Kähler". C'est-à-dire : soit $\mathcal{B}$ l'ensemble des fonctions $f : X \to \mathbb{R}$ qui sont $\mathcal{C}^\infty$ et telles que $\omega + id'd''f > 0$. Alors $\forall f \in \mathcal{B}$ on a une structure kählérienne $\omega + id'd''f$. Maintenant la courbure de Ricci de cette structure kählérienne, $\rho^\flat_{\omega+id'd''f}$, est nécessairement égale à $\rho^\flat_{\omega+id'd''f} = \rho^\flat_\omega + id'd''g$, où $g = X \to \mathbb{R}$ est

$\mathcal{C}^\infty$ (d'après 6.3.5 et parce que $\rho^\flat_{\omega+id'd''f}$ et $\rho^\flat_\omega$ appartiennent à la même classe de cohomologie, à savoir $c_1^!(T(X))$). On définit donc ainsi une application :

$$\text{Cal} : \mathfrak{B} \to \mathcal{C}^\infty(X).$$

Dans [5] on trouvera une démonstration de ce que l'application Cal est injective et localement surjective au voisinage de $\rho^\flat_\omega$. La conjecture de Calabi est que Cal est surjective. (A vrai dire g n'est définie, en fonction de f, qu'à une constante additive près).

12.5.2. Exemples d'applications de la conjecture (si elle était démontrée) :

i) Soit X compacte kählérienne telle que $c_1^!(T(X)) = 0$. Alors il existe sur X une structure kählérienne à courbure de Ricci nulle.
En effet, soit ω la structure kählérienne initiale : $\rho^\flat_\omega \in c_1^!(T(X)) = 0$ donc (6.3.5) $\rho^\flat_\omega = id'd''h$, $h \in \mathcal{C}^\infty(X)$. D'après la conjecture $\exists$ f telle que

$$\rho^\flat_{\omega+id'd''f} = \rho^\flat_\omega + id'd''(-h) = 0$$

ii) Soit X compacte hählérienne telle que $c_1^!(T(X)) = c_2^!(T(X)) = 0$. Alors X est un quotient fini de tore. En effet, d'après i), on peut mettre sur X une structure kählérienne ω telle que $\rho^\flat_\omega = 0$. Il n'y a plus qu'à appliquer 12.4.3.

12.5.3. Remarque :

Trouver f telle que $\rho^\flat_{\omega+id'd''f} = \rho^\flat_\omega + id'd''g$ est équivalent à trouver f telle que la structure kählérienne $\omega + id'd''f$ ait une forme volume donnée. En effet (11.5.3) on a $\rho^\flat_\omega = id'd''\log v$, $\rho^\flat_{\omega+id'd''f} = id'd''\log v'$ (v, v' sont définies seulement en écriture locale), d'où

$$id'd''g = \rho^\flat_{\omega+id'd''f} - \rho^\flat_\omega = id'd''\log \frac{v}{v'},$$

(v/v' a une sens intrinsèque) ; ainsi v/v' = constante x e^g.

B I B L I O G R A P H I E

[1] ATIYAH M.F., Complex analytic connections in fiber bundles, Trans. Amer. Math. Soc. 85 (1957), 181-207.

[2] BERGER M., Sur les variétés d'Einstein compactes, Comptes Rendus de la IIIe réunion math. expr. Latine, Namur 1965, 35-55.

[3] BERGER, GAUDUCHON, MAZET, Le spectre des variétés riemanniennes, A paraître dans Lecture Notes in Mathematics, Springer.

[4] BOTT R. et CHERN S.S., Hermitian vector bundles and the equidistribution of the zeroes of their holomorphic sections, Acta Math., 114 (1965), 71-112.

[5] CALABI E., On kähler manifolds with vanishing canonical class, in Algebraic Geometry and Topology, Lefschetz symposium, Princeton, 78-89.

[6] CALABI E. et ECKMANN B., A class of compact complex manifolds which are not algebraic, Annals of Math., 58 (1953), 494-500.

[7] CHERN S.S., Complex manifolds, Lectures notes, University of Chicago, 1955-1956.

[8] CHERN S.S., Complex manifolds without potential theory, Van Nostrand 1967.

[9] GRAUERT H., Veber Modifikationen und exzeptionnelle analytische Mengen, Math. Annalen, 146 (1962), 331-368.

[10] GODEMENT R., Théorie des faisceaux, Hermann 1958.

[11] GUNNING R.C., Lectures on Riemann surfaces, Princeton mathematical notes, Princeton 1966.

[12] GUNNING R.C. et ROSSI H., Analytic functions of several complex variables, Prentice-Hall, 1965.

[13] HIRZEBRUCH F. Topological methods in algebraic geometry, Springer 1966.

[14] HU S.T., Differentiable manifolds, Holt-Rinehart-Winston, 1969.

[15] KOBAYASHI S., Geometry of bounded domains, Trans. Amer. Math. Soc. 92 (1959), 267-290.

[16] KOBAYASHI S. et NOMIZU K., Foundations of differential geometry, volume I et Volume II, Interscience Pub., 1969.

[17] LICHNEROWICZ A., Géométrie des groupes de transformations, Dunod, 1958.

[18] MILNOR J.W., Lectures on Morse theory,
Ann. Math. Studies, N° 51, Princeton 1963.

[19] NEWLANDER A., NIRENBERG L., Complex analytic coordinates in almost complex manifolds,
Ann. of Math. 65 (1967), 391-404.

[20] De RHAM G., Variétés différentiables,
Hermann, 1955.

[21] SAMPSON J.H., D.E.A. Cours de topologie algébrique,
Département de mathématiques, rue René Descartes, Strasbourg, 1969.

[22] van de VEN A., On the Chern numbers of certain complex and complex manifolds,
Proc. Nat. Acad. Sci. 55 (1966), 1624-1627.

[23] WEIL A., Variétés kählériennes,
Hermann, 1958.

[24] WOLF J.A., Spaces of constant curvature,
Mc Graw-Hill, 1967.

[25] R. NARASHIMAN, Analysis on real and complex manifolds,
Masson.

I N D E X   T E R M I N O L O G I Q U E

./.

I N D E X   D E S   N O T A T I O N S

./.

MIX
Papier aus verantwortungsvollen Quellen
Paper from responsible sources
FSC® C105338
FSC
www.fsc.org

If you have any concerns about our products,
you can contact us on
ProductSafety@springernature.com

In case Publisher is established outside the EU,
the EU authorized representative is:
Springer Nature Customer Service Center GmbH
Europaplatz 3, 69115 Heidelberg, Germany

Printed by Libri Plureos GmbH
in Hamburg, Germany